土建工程师必备技能系列丛书

施工质量问题预防与处理

（第二版）

赵志刚　赵张会　主编

中国建筑工业出版社

图书在版编目（CIP）数据

施工质量问题预防与处理/赵志刚，赵张会主编. —
2版. —北京：中国建筑工业出版社，2018.9（2023.3重印）
（土建工程师必备技能系列丛书）
ISBN 978-7-112-22574-3

Ⅰ.①施… Ⅱ.①赵… ②赵… Ⅲ.①建筑工程-工
程质量-质量管理 Ⅳ.①TU712

中国版本图书馆 CIP 数据核字（2018）第 189805 号

责任编辑：张 磊 万 李 王华月
责任校对：王雪竹

土建工程师必备技能系列丛书
施工质量问题预防与处理（第二版）
赵志刚 赵张会 主编

*

中国建筑工业出版社出版、发行（北京海淀三里河路 9 号）
各地新华书店、建筑书店经销
霸州市顺浩图文科技发展有限公司制版
北京建筑工业印刷厂印刷

*

开本：787×1092 毫米 1/16 印张：12 字数：295 千字
2018 年 11 月第二版 2023 年 3 月第十二次印刷
定价：**35.00** 元
ISBN 978-7-112-22574-3
（32657）

本书编委会

主　　编：赵志刚　赵张会

副 主 编：王树武　隗　伟　任青山　严冬水　蒋贤龙

　　　　　胡岳峰

参编人员：吴建军　王　弋　熊　玮　叶进标　杨云涛

　　　　　刘瑞斌　刘春佳　张志江　曹　勇　张亚狄

　　　　　张先明　王　彬　何吉力　赵冰杰　付金祥

　　　　　吴上海　邓　毅　罗自君　赵　伟

前　言

《土建工程师必备技能系列丛书》自出版以来深受广大建筑业从业人员喜爱。本次修订在第一版基础上删除了一部分理论知识，增加了一部分与建筑施工发展有关的新内容，书籍更加贴近施工现场，更加符合施工实战。能更好的为高职高专、大中专土木工程类及相关专业学生和土木工程技术与管理人员服务。

此书具有如下特点：

（1）图文并茂，通俗易懂。书籍在编写过程中，以文字介绍为辅，以大量的施工实例图片或施工图纸截图为主，系统地对施工过程中容易产生的质量问题进行详细地介绍和说明，文字内容和施工实例图片及施工图纸截图直观明了、通俗易懂。

（2）紧密结合现行建筑行业规范、标准及图集进行编写，编写重点突出，内容贴近实际施工需要，是施工从业人员不可多得的施工作业手册。

（3）通过对本书地学习和掌握，即可独立进行房建工程质量控制与验收作业，做到真正的现学现用，体现本书所倡导的培养建筑应用型人才的理念。

（4）本次修订编辑团队更加强大，主编及副主编人员全部为知名企业高层领导，施工实战经验非常丰富，理论知识特别扎实。

本书由华润置地建设事业部赵志刚担任主编，由北京铁研建设监理有限责任公司赵张会担任第二主编；由华电龙口发电股份有限公司王树武、荣盛建设工程有限公司隗伟、北京城建集团有限责任公司建筑工程总承包部任青山、杭州通达集团有限公司严冬水、晟元集团有限公司蒋贤龙担任副主编。本书编写过程中难免有不妥之处，欢迎广大读者批评指正，意见及建议可发送至邮箱 bwhzj1990@163.com。

2018 年 10 月

目　　录

第一章 材料堆放问题及标识

（一）钢筋堆放及标识

1. 现象

原材堆放区，钢筋标识牌不齐全；原材码放混乱；场地未硬化，不便通风排水；原材锈蚀，钢筋原材未分类码放；钢筋原材混乱堆放，场地未硬化，有积水等，如图1-1～图1-4所示。

图1-1 原材堆放区，钢筋标识牌不齐全

图1-2 原材码放混乱，场地未硬化，
不便通风排水，原材锈蚀

图1-3 钢筋原材未分类码放

图1-4 钢筋原材混乱堆放，场地未硬化，有积水

2. 原因分析

现场管理松散，保管不良；场地不平整，排水系统不良。

3. 防治、处理措施

加强现场管理，按CI标准堆放和标识。钢筋原料应存放在仓库或料棚内，保持地面干燥；钢筋不得堆放在地面上，必须用混凝土墩、砖或垫木垫起，使离地面200mm以上；库存期限不得过长，原则上先进库的先使用。工地临时保管钢筋原料时，应选择地势较高、地面干燥的露天场地；根据天气情况，必要时加盖苫布；场地四周要有排水措施；堆放期尽量缩短，如图1-5～图1-13所示。

图1-5　合格钢筋铭牌正确悬挂

图1-6　钢筋分类标识牌

图1-7　钢筋原材堆放区下浇筑混凝土台，便于通风排水

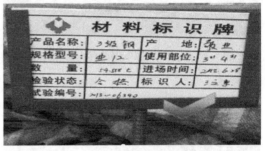

图1-8　材料标识牌

图1-9　材料标识牌

图1-10　从每批次钢筋中任选两根，每根取两个试件分别进行拉伸试验（屈服点、抗拉强度和伸长率）

图 1-11　切口应平滑且与长度方向垂直，
截取长度应按规范要求（或实验室）截取

图 1-12　钢筋分类码放整齐，标牌规范、
场地硬化，便于通风排水

图 1-13　材料整齐，有防雨措施

（二）砌块堆放及标识

1. 现象

砌块底部未架空；砌块码放不整齐，且码放高度超度 1.5m，试块标养室未封闭管理，如图 1-14～图 1-16 所示。

图 1-14　砌块底部未架空

图 1-15　砌块码放不整齐，且码放高度超过 1.5m

图 1-16 试块标养室未封闭管理

2. 原因分析

现场管理疏忽、混乱，未按 CI 标识执行。

3. 防治及处理措施

凡进入项目现场的材料，应根据现场平面布置规划的位置，做到四定位、五五化、四对口。现场大宗材料须堆放整齐，砂、石成堆、成方，砖成垛，长大件一头齐，要求场地平整，排水良好，道路畅通，进出方便。材料整齐，有防雨措施，如图 1-17 所示，见表 1-1 所列。

图 1-17 材料整齐，有防雨措施

施工中配合比应以体积比来体现，通俗易懂，便于施工，见表 1-1 所列。

C30 混凝土施工配合比　　　　　　　　　　　表 1-1

材料名称	水泥 (P·O42.5)	水	卵石	砂	泵送剂	膨胀剂
设计配合比	1	0.5	3.48	2.42	0.013	
每立方米用量(kg)	319	160	1110	771	4.26	
调速后每 0.5m³ 用量(kg)	159	62	560	397	2.13	

（三）水泥堆放及标识

1. 现象

现场水泥库未封闭；水泥无生产日期及批号等，如图 1-18、图 1-19 所示。

2. 原因分析

对进场的材料发现质量不合格，没有做出标识。

3. 防治及处理措施

（1）没有出厂日期、出厂编号、试验检验单和出厂合格证的物资不能用，对进场的材料发现质量不合格，应做出标识。

图 1-18　现场水泥库未封闭

图 1-19　水泥无生产日期及批号

（2）现场大宗材料须堆放整齐，砂、石成堆、成方，砖成垛，长大件一头齐，要求场地平整，排水良好，道路畅通，进出方便。

（四）其他材料进场后标准做法

进场的材料应进行数量验收和质量检验，做好相应的验收和标识的原始记录。数量验收和质量检验，应符合国家的计量方法和企业的有关规定。

（1）进入现场的材料应有生产厂家的材质证明（包括厂名、品种、出厂日期、出厂编号、试验检验单）和出厂合格证。要求复检的材料要有取样送检证明报告。新材料未经试验鉴定，不得用于工程中。现场配置的材料应经试配，使用前应经认证。

（2）材料的计量设备必须经具有资格的机构定期检验，确保计量所需要的精确度。检验不合格的设备不允许使用。

（3）对进场的材料发现质量不合格，应做出标识，按公司程序文件规定，挂上"不合格物资"标牌，及时通知分公司物资部门联系解决。

（4）凡进入项目现场的材料，应根据现场平面布置规划的位置，做到四定位、五五化、四对口。现场大宗材料须堆放整齐，砂、石成堆、成方，砖成垛，长大件一头齐，要求场地平整，排水良好，道路畅通，进出方便。

（5）应建立材料使用限额领料制度：

1）由负责施工的工长或施工员，根据施工预算和材料消耗定额或技术部门提供的配合比、翻样单，签发施工任务书和限额领料单。两单工程量要一致，并于开始用料 24h 前将两单送项目材料组。项目材料组收到后，立即根据单位工程分部分项用料预算进行审核。审核工程量有无重复或超过预算，审核材料消耗定额有无套错，审核计算有无差错。审核无误后，送工长或施工员交承担的施工生产班组凭单领料。

2）无限额领料单，材料员有权停止发料，由此影响施工生产应由负责施工的工长或施工员负责。

3）班组用料超过限额数时，材料员有权停止发料，并通知负责施工的工长或施工员查核原因。属工程量增加的，增补工程量及限额领料数量；属操作浪费的，按有关奖罚规定办理，赔偿手续办好后再补发材料。

4）限额领料单随同施工任务单当月同时结算，已领未用材料要办理假退料手续。在结算的同时应与班组办理余料退库手续。

（6）应建立材料使用台账，记录使用和节超状况。材料管理人员应对材料使用情况进行监督；做到工完料清、场清；建立监督记录；每月按时对材料使用情况进行盘点和料具租赁费的结算，对存在的问题应及时分析和处理。

（7）废料处理

1）废料由项目整理集中后，必须经过材料部门同意或委托项目经理部方可进行处理。

2）废料处理所得收入必须按实交财务部门冲销项目成本。

3）任何人不得私自将废料处理所得收入截留使用，否则按贪污公款处理。

第二章　钢筋工程质量问题及预防处理措施

（一）钢筋原材问题

1. 现象

表面锈蚀，表面出现黄色浮锈，严重转为红色，日久后变成暗褐色，甚至发生鱼鳞片剥落现象。见图 2-1、图 2-2。

图 2-1　表面锈蚀

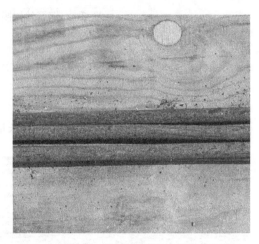
图 2-2　钢筋锈蚀发生脱落

2. 原因分析

保管不良，受到雨雪侵蚀，存放期长，仓库环境潮湿，通风不良。

3. 防治措施

（1）钢筋原料应存放在仓库或料棚内，保持地面干燥，钢筋不得直接堆放在地上，场地四周要有排水措施，堆放期尽量缩短。淡黄色轻微浮锈不必处理。

（2）红褐色锈斑的清除可用手工钢刷清除，尽可能采用机械方法，对于锈蚀严重，发生锈皮剥落现象的应研究是否降级使用或不用。

（二）钢筋成品保护问题

问题一：

1. 现象

套筒钢筋断丝、生锈、接头顶部不平。见图 2-3。

2. 原因分析

（1）钢筋端部直螺纹丝扣加工好以后，没有对丝扣进行有效保护。

（2）接头顶部未打磨。

（3）力矩扳手未进行定期检测。

图 2-3 钢筋丝扣接头不平、生锈、断丝

3. 防治措施

钢筋端部直螺纹丝扣加工好以后，套上塑料帽对丝扣进行保护。见图 2-4。

问题二：

1. 现象

（1）后浇带、施工缝等部位预留钢筋长时间搁置，未进行防锈保护处理。见图 2-5。

图 2-4 套上塑料帽对丝扣进行保护　　　　　图 2-5 预留钢筋锈蚀

（2）混凝土浇筑时，未进行钢筋成品保护。见图 2-6、图 2-7。

图 2-6 钢筋变形　　　　　　　　　　图 2-7 钢筋成品变形

2. 防治措施

要求：对后浇带、施工缝等部位预留钢筋长搁置时间超过 3 个月以上的，必须对预留钢筋进行防锈保护处理（在钢筋表面涂刷水泥浆）。

墙、柱竖筋在浇筑混凝土前套好塑料管保护或用彩条布，塑料条包裹严密，并在浇筑时及时用布或者棉丝将被污染的钢筋擦净。

（三）钢筋加工

问题一：

1. 现象

钢筋弯钩长度不够。见图 2-8、图 2-9。

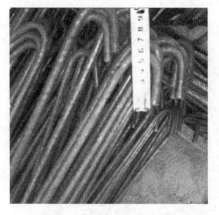

图 2-8　钢筋弯钩不满足 $4d$

图 2-9　钢筋平直长度不足

2. 原因分析

（1）钢筋下料长度不够。

（2）加工机械存在偏差。

（3）省力，便于安装。

3. 防治措施

（1）认真核对图纸和熟悉规范要求，精确计算配料单。

（2）实际放样核对料单无误后批量加工。

（3）检查施工机械，校正偏差。

（4）箍筋弯后平直部分长度：对一般结构，不宜小于箍筋直径的 5 倍；对有抗震等要求的结构，不应小于箍筋直径的 75mm。见图 2-10、图 2-11。

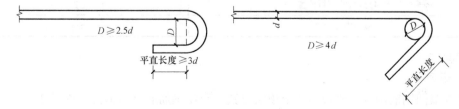

图 2-10　钢筋弯钩标准（一）

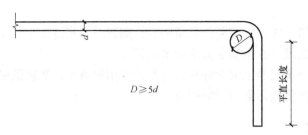

图 2-11　钢筋弯钩标准（二）

问题二：

1. 现象

箍筋弯钩长度不够，角度小于 135°。见图 2-12、图 2-13。

图 2-12　弯钩长度不够（一）

图 2-13　弯钩长度不够（二）

2. 原因及防治措施

（1）箍筋弯钩的弯折角度：对一般结构，不应小于 90°；对于抗震要求的结构，应为 135°；

（2）箍筋弯折后平直部分长度：对一般构件，不应小于箍筋直径的 5 倍，对于有抗震要求的结构，不应小于箍筋直径的 10 倍。

钢筋加工允许偏差，见表 2-1。

钢筋加工的允许偏差

表 2-1

项　　目	允许偏差（mm）
受力钢筋顺长度方向全长的净尺寸	±10
弯起钢筋的弯折位置	±20
箍筋内净尺寸	±5

问题三：

1. 现象

螺纹盘圆钢筋调直，机械内合金顶块过紧，致使钢筋肋有所损伤。见图 2-14。

2. 原因

螺纹盘圆钢筋调直，机械内合金顶块过紧，致使钢筋肋有所损伤。

3. 防治措施

螺纹盘圆钢筋调直，根据钢筋规格调整机械内合金顶块。确保钢筋只要能调直即可，不得损伤钢筋肋，更不可冷拔瘦身。

问题四：

1. 现象

箍筋的弯曲半径过大。见图 2-15、图 2-16。

2. 原因

没有根据钢筋规格选择弯曲机械。

3. 防治措施

图 2-14　钢筋肋损伤

（1）HPB300 钢筋末端需做 180°弯钩时，其弯弧内径不应小于钢筋直径的 2.5 倍。弯钩的弯后平直部分长度不应小于钢筋直径的 3 倍。

图 2-15　钢筋弯曲半径过大

图 2-16　弯钩长度不够

图 2-17　丝头不平整，锈蚀严重

（2）钢筋末端需做 135°弯钩时，HRB335、HRB400 级钢筋的弯弧内直径 D 不应小于钢筋直径的 4 倍，弯钩的弯后平直部分长度应符合设计要求。

（3）箍筋弯钩的弯折角度：对一般结构，不应小于 90°；对有抗震要求的结构，应为 135°。

（4）箍筋弯折后平直部分长度：对一般构件，不应小于箍筋直径的 5 倍，对于有抗震要求的结构，不应小于箍筋直径的 10 倍。

问题五：

1. 现象

丝头不平整。见图 2-17。

2. 原因

钢筋下料时，未用专用切割机进行切割，且丝头未打磨。

3. 防治措施

（1）钢筋下料时，切口端面应与钢筋轴线垂直，不得有马蹄形或挠曲，端部不直应调直后下料；不得用热加工方法切断钢筋。

（2）丝头加工时，应采用水溶性切削润滑液；当气温低于 0℃时，应掺入 15％～20％亚硝酸钠。不得用机油作润滑液或不加润滑液套丝。

（3）钢筋丝头的螺纹应与连接套筒的螺纹相匹配，公差带应符合《普通螺纹 公差》GB/T 197 的要求。

（4）在滚轧过程中，每加工 10 个丝头要检查一次丝头尺寸及丝扣情况，发现偏差必须及时调整滚丝机。钢筋的剥肋过程只允许进行一次，不允许对已加工的丝头进行二次剥肋，不合格的丝头必须切掉重新加工。

（5）丝头加工完毕经检验合格后，应立即带上丝头保护帽或拧上连接套筒，防止装卸、搬运或者混凝土施工过程中污染、损坏丝头。根据钢筋直径选取不同大小的塑料保护套，保护套长度应比螺纹长 10～20mm，且保护套一端应封闭。加工完成后的丝头应按规格分类堆放整齐。

问题六：

1. 现象

丝头长度不符合要求。

2. 原因

交底不明确，现场监管不严，加工设备老化、故障。

3. 防治措施

凡参与接头施工的操作工人，技术管理和质量管理人员，均应参加技术培训；操作工人应经考核合格后持证上岗，加强现场监管力度，交底及时培训且落实到人，对加工设备定期检验，故障老化设备退场严禁使用。执行三检制度，确保机械连接的质量。

根据所加工的钢筋规格、直径选用滚压轮型号；用调整试棒调整滚丝头内孔最小尺寸，然后更换相应规格的涨刀环，并调整好直径尺寸。

（四）钢筋绑扎

问题一：

1. 现象

梁底受力钢筋与箍筋绑扎点过少。见图2-18。

2. 要求

梁角部四周钢筋交叉点应每点绑扎牢，根据《混凝土结构工程施工质量验收规范》GB 50204 钢筋网交叉点应全数绑扎。

问题二：

图 2-18　梁底受力钢筋与箍筋绑扎点过少，间距不均匀

1. 现象

钢筋绑扎不规范，少扎、漏扎现象较
多。见图 2-19。

2. 要求

基础部分：

独立基础、条形基础、基础底板钢筋绑
扎：定位钢筋承台、地梁钢筋绑扎下一层横
向钢筋高强垫块绑扎成网—柱子定位筋钢筋
马凳—上层纵向钢筋—上层横向钢筋—柱
子、剪力墙插筋。

（1）在底板钢筋绑扎前，先按照设计要
求钢筋间距，算出底板需要用的钢筋根数，
在垫层上放出底板钢筋摆放的位置线和墙柱
插筋位置线。

图 2-19　钢筋绑扎不规范

（2）承台钢筋绑扎：先铺底板下层钢筋。根据设计和规范要求，决定下层钢筋哪个方
向钢筋在下面，绑完下层钢筋后，按间距 0.8m 左右设置钢筋马凳，马凳及附加钢筋应支
设在下层钢筋网上，不得直接落在保护层，在马凳上摆放纵横两个方向定位钢筋，钢筋上
下次序及绑扣方法同底板下层钢筋。马凳高度 H＝承台高－混凝土保护层厚－上层双向
钢筋直径－下部钢筋单向钢筋直径，桩承台采用图 2-20 的钢筋马凳）间距 800mm 左右
设置。

图 2-20　基础、梁、板、柱、墙钢筋绑扎解析

（3）底板钢筋的施工要求：钢筋绑扎要满扣绑扎且相邻绑扣为"八"字扣，扣头应向
结构板内侧弯入。在绑扎钢筋前要用墨绳弹出钢筋摆放间距线，按线绑扎。上层钢筋绑扎
前要摆设好马凳铁，再绑上铁。

网片绑扎铁丝要交换方向，呈"八"形，扣头应向结构板内侧弯入。在绑扎钢筋前

要用墨线弹出钢筋摆放间距线，按线绑扎。上层钢筋绑扎前要摆设好马凳铁，再绑上铁。

基础梁及筏板筋的绑扎流程：

弹线→纵向梁筋绑扎、就位→筏板纵向下层筋布置→横向梁筋绑扎、就位→筏板横向下层筋布置→筏板下层网片绑扎→支撑马凳筋布置→筏板横向上层筋布置→筏板纵向上层筋布置→筏板上层网片绑扎。钢筋绑扎前，对模板及基层作全面检查，作业面内的杂物、浮土、木屑等应清理干净。钢筋网片筋弹位置线时用不同于轴线及模板线的颜色以区分开。梁筋骨架绑扎时用简易马凳作支架。具体操步骤为：按计算好的数量摆放箍筋→穿主筋→画箍筋位置线→绑扎骨架→撤支架就位骨架。骨架上部纵筋与箍筋宜用套扣绑扎，绑扎应牢固、到位，使骨架不发生倾斜、松动。纵横向梁筋骨架就位前要垫好梁筋及筏板、下层筋的保护层垫块，数量要足够。筏板网片采用八字扣绑扎，相交点全部绑扎，相邻交点的绑扎方相不宜相同。上下层网片中间用马凳筋支撑，保证上层网片位置准确，绑扎牢固，无松动。

钢筋的接头形式，筏板内受力筋及分布筋采用绑扎搭接，搭接位置及搭接长度按设计要求。基础架纵筋采用单面（双面）搭接电弧焊，焊接接头位置及焊缝长度按设计及规范要求，焊接试件按规范要求留置、试验。

注：每根钢筋在搭接长度内必须采用三点绑扎，用双丝绑扎搭接钢筋两端30mm处，中间再绑扎一道。

（五）钢筋位移

1. 现象

墙、柱外伸钢筋移位。

图 2-21　钢筋移位

图 2-22　钢筋移位、变形

2. 原因分析

（1）模板固定不牢，在施工过程中有事碰撞致使钢筋发生错位。

（2）箍筋制作有误差，及绑扎不牢固造成钢筋骨架发生变形。

（3）保护层垫块不均匀。

（4）梁柱节点内钢筋密度大，致使墙柱钢筋错位。

（5）浇筑混凝土时触动钢筋，没有及时恢复。

3. 防治措施

（1）在外伸部分加一道临时箍筋，按图样位置安好，然后用样板固定好，浇捣混凝土前再重复一遍。如发生移位则应校正后再浇捣混凝土。

（2）注意浇捣操作，尽量不碰撞钢筋，浇捣过程中由专人随时检查及时校正。

（3）浇筑混凝土前在板面或梁上用油漆标出柱、墙的插筋位置，然后电焊定位箍或水平引筋（针对板墙插筋）固定。见图 2-23。

（4）若遇钢筋间距调整（或位移）需弯曲钢筋时，应采用小于 1∶6 角度缓慢弯曲到位。

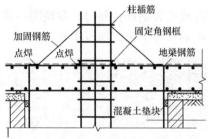

图 2-23　立柱、板墙钢筋绑扎示意图

（六）钢筋保护层

1. 现象

露筋（结构或构件拆模时发现混凝土表面有钢筋露出）。见图 2-24。

图 2-24　混凝土根部露筋

2. 原因分析

保护层垫块垫得太稀或脱落，钢筋成型尺寸不准确，或钢筋骨架绑扎不当，造成骨架外形尺偏大，局部抵触模板，振捣混凝土时，振动器撞击钢筋，使钢筋移位或引起绑扣松散。

3. 防治措施

垫块要垫得适量可靠，竖立钢筋采用埋有铁丝的垫块，绑在钢筋骨架外侧时，为使保护层厚度准确应用铁丝将钢筋骨架拉向模板，将垫块挤牢，严格检查钢筋的成型尺寸，模外绑扎钢筋骨架，要控制好它的外形尺寸，不得超过允许值。钢筋保护层垫块选材要保证强度及厚度。保证垫块数量充足，板均应从距梁或墙相交边（角）100mm 起双向安装垫块，在板的下部钢筋交叉点下安装纵向、横向间距 800mm 左右垫块。

（七）钢筋连接接头

1. 现象

同截面接头过多：在绑扎或安装钢筋骨架时，发现同一截面受力钢筋接头过多，其截面面积占受力钢筋总截面面积的百分率超出规范中规定数值。见图 2-25。

图 2-25　同一连接区段内接头过多

2. 原因分析

（1）钢筋配料时疏忽大意，没有认真考虑原材料长度。

（2）忽略了配置在构件同一截面中的接头，其中距不得小于搭接长度的规定。

3. 防治措施

（1）弄清楚同一截面的含义（这个截面是指在一个搭接长度范围内都算是一个截面）。

（2）配料时按下料单进行钢筋编号。

4. 规范要求

（1）接头面积允许百分率：

1）同一连接区段内（钢筋绑扎搭接接头连接区段的长度为 $1.3l_1$）纵向受拉钢筋搭接接头面积百分率应符合下列要求：①对梁、板类及墙类构件不宜大于 25%；②对柱类构件不宜大于 50%。纵向受压钢筋不宜大于 50%。

2）钢筋机械连接与焊接接头连接区段的长度为 $35d$（d 为纵向受力钢筋的较大直径），且不小于 500mm。纵向受拉钢筋搭接接头面积百分率应符合下列要求：①受拉区不宜大于 50%，受压区不受限制；②接头不易设置在有抗震设防要求的框架梁端、柱端的箍筋加密区，当无法避开时对等强度高质量机械连接接头不应大于 50%。

（2）钢筋的接头宜设置在受力较小处。同一纵向受力钢筋不宜设置两个或两个以上接头。接头末端至钢筋弯起点的距离不应小于钢筋直径的 10 倍。

（八）钢筋直螺纹套筒连接筋

1. 现象

钢筋直螺纹连接未按规范要求施工。见图 2-26～图 2-29。

图 2-26 钢筋直螺纹套筒连接正确做法

图 2-27 钢筋直螺纹套筒错误做法

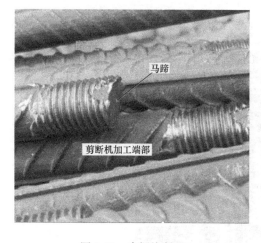

图 2-28 直螺纹断丝

图 2-29 丝牙偏长，生锈

2. 原因分析

钢筋连接采用的直螺纹，所车丝牙偏长，没有标记，部分节头露丝过多，丝牙是否拧到位无法辨别。

3. 防治措施

在丝牙上做出油漆标记（1/2套筒长度），作为检查质量的依据。要求：总包、监理对所有直螺纹套筒接头进行100%检查。见图2-30。

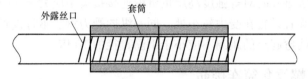

图2-30 直螺纹丝扣加工标准做法

（1）钢筋下料时，应采用砂轮切割机，切口的端面应与轴线垂直，不得有马蹄形或挠曲。

（2）直螺纹接头应使用扭力扳手或管钳进行施工。见表2-2。

（3）经拧紧后的直螺纹接头应做出标记，单边外露丝扣长度不应超过2P。

直螺纹钢筋接头拧紧力矩值 表2-2

钢筋直径(mm)	16~18	20~22	25	28	32	36~40
拧紧力矩(N·m)	100	200	250	280	320	350

（九）钢筋电渣压力焊连接筋

现象：在钢筋电弧焊接头中常见的焊接缺陷有两种：一种是外部缺陷；另一种是内部缺陷。有的缺陷既可能存在于外部，也可能存在于内部，例如气孔、裂纹等。

问题一：

现象：

1. 尺寸偏差

（1）搭接长度不足。

（2）接头处钢筋轴线弯折和偏移。见图2-31。

图2-31 搭接尺寸发生偏移

（3）焊缝尺寸不足或过大。

2. 原因分析

焊前准备工作没有做好，操作马虎；预制构件钢筋位置偏移过大；下料不准等。

3. 防治措施

预制构件制作时应严格控制钢筋的相对位置；钢筋下料和组对应由专人进行，合格后方准焊接；焊接过程中应精心操作。

问题二：

1. 现象：焊缝成形不良

焊缝表面凹凸不平，宽窄不匀。这种缺陷虽然对静载强度影响不大，但容易产生应力集中，对承受动载不利。见图 2-32、图 2-33。

图 2-32　焊缝不饱满

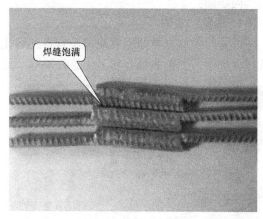

图 2-33　焊缝标准做法

2. 原因分析

焊工操作不当；焊接参数选择不合适。

3. 预防及处理措施

选择合适的焊接参数；要求焊工精心操作。仔细清渣后精心补焊一层。

问题三：

1. 现象：焊瘤

焊瘤是指正常焊缝之外多余的焊着金属。焊瘤使焊缝的实际尺寸发生偏差，并在接头处形成应力集中区。见图 2-34。

图 2-34　焊瘤，存在大量焊渣

2. 原因分析

（1）熔池温度过高，凝固较慢，在铁水自重作用下下坠形成焊瘤。

（2）坡口立焊、搭接立焊中，如焊接电流过大，焊条角度不对或操作手势不当也易产生这种缺陷。

3. 防治措施

（1）熔池下部出现"小鼓肚"时，可利用焊条左右摆动和挑弧动作加以控制。

（2）在搭接接头立焊时，焊接电流应比平焊适当减少，焊条左右摆动时在中间部位走快些，两边稍慢些。

（3）焊接坡口立焊接头加强焊缝时，应选用直径 3.2mm 的焊条，并应适当减小焊接电流。

问题四：

1. 现象：咬边

焊缝与钢筋交界处烧成缺口没有得到熔化金属的补充，特别是直径较小钢筋的焊接及坡口立焊中，上钢筋很容易发生这种缺陷。见图 2-35、图 2-36。

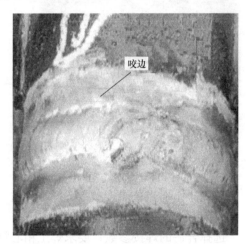

图 2-35 咬边 　　　　　　　　　图 2-36 对接钢筋咬边

2. 原因分析

焊接电流过大，电弧太长，或操作不熟练。

3. 防治措施

选用合适的电流（表 2-3），避免电流过大。操作时电弧不能拉得过长，并控制好焊条的角度和运弧的方法。

钢筋电弧焊对焊条直径与焊接电流的选择　　　　　　　　　　　表 2-3

搭接焊				坡口焊			
焊接位置	钢筋直径（mm）	焊条直径（mm）	焊接电流（A）	焊接位置	钢筋直径（mm）	焊条直径（mm）	焊接电流（A）
平焊	10～18	ϕ3.2	90～130	平焊	16～22	ϕ3.2	130～170
	20～32	ϕ4.0	150～180		25～32	ϕ4.0	180～220
	36～40	ϕ5.0	200～250		36～40	ϕ5.0	230～260
立焊	10～18	ϕ3.2	80～110	立焊	16～22	ϕ3.2	110～130
	20～32	ϕ4.0	130～160		25～32	ϕ4.0	150～180
	36～40	ϕ4.0	170～220		36～40	ϕ4.0	170～220

问题五：

1. 现象：电弧烧伤钢筋表面

钢筋表面局部有缺肉或凹坑。电弧烧伤钢筋表面对钢筋有严重的脆化作用，尤其是 HRB335、HRB400 级钢筋在低温焊接时表面烧伤，往往是发生脆性破坏的起源点。见图 2-37。

2. 原因分析

由于操作不慎，使焊条、焊把等与钢筋非焊接部位接触，短暂地引起电弧后，将钢筋表面局部烧伤，形成缺肉或凹坑，或产生淬硬组织。

3. 预防措施

（1）精心操作，避免带电金属与钢筋相碰引起电弧。

（2）不得在非焊接部位随意引燃电弧。

（3）地线与钢筋接触要良好紧固。

4. 治理方法

在外观检查中发现 HRB335、HRB400 级钢筋有烧伤缺陷时，应予以铲除磨平，视情况

图 2-37　钢筋表面局部有缺肉或凹坑

焊补加固，然后进行回火处理，回火温度一般以 500～600℃为宜。

问题六：

1. 现象：弧坑过大

收弧时弧坑未填满，在焊缝上有较明显的缺肉，甚至产生龟裂，在接头受力时成为薄弱环节。见图 2-38～图 2-40。

图 2-38　钢筋表面有缺肉

图 2-39　钢筋表面有凹坑

2. 原因分析

这种缺陷主要是焊接过程中突然灭弧引起的。

3. 防治措施

焊条在收弧处稍多停留一会，或者采用几次断续灭弧补焊，填满凹坑。但碱性直流焊条不宜采用断续灭弧法，以防止产生气孔。

问题七：

图 2-40　对焊接头错误做法

1. 现象：气孔

焊接熔池中的气体来不及逸出而停留在焊缝中所形成的孔眼，大半呈球状。根据其分布情况，可分为疏散气孔、密集气孔和连续气孔等。见图 2-41、图 2-42。

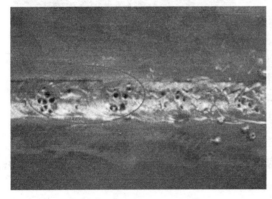

图 2-41　钢筋焊接形成疏散气孔

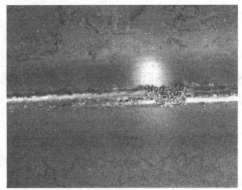

图 2-42　钢筋焊接形成密集气孔

2. 原因分析

（1）碱性低氢型焊条受潮、药皮变质或剥落、钢芯生锈；酸性焊条烘焙温度过高，使药皮变质失效。

（2）钢筋焊接区域内清理工作不彻底。

（3）焊接电流过大，焊条发红造成保护失效，使空气侵入。

（4）焊条药皮偏心或磁偏吹造成电弧强烈不稳定。

（5）焊接速度过快，或空气湿度太高。

3. 防治措施

（1）各种焊条均应按说明书规定的温度和时间进行烘焙。药皮开裂、剥落、偏心过大以及焊芯锈蚀的焊条不能使用。

（2）钢筋焊接区域内的水、锈、油、熔渣及水泥浆等必须清除干净，雨雪天气不能焊接。

（3）引燃电弧后，应将电弧拉长些，以便进行预热和逐渐形成熔池，在焊缝端部收弧时，应将电弧拉长些，使该处适当加热，然后缩短电弧，稍停一会再断弧。

（4）焊接过程中，可适当加大焊接电流，降低焊接速度，使熔池中的气体完全逸出。

（十）钢筋搭接

1. 现象

（1）钢筋焊接搭接长度不够，见图 2-43。

（2）钢筋绑扎搭接长度不够，见图 2-44。

图 2-43　钢筋搭接长度不足

图 2-44　钢筋搭接长度不足

2. 原因分析

钢筋下料长度不够。

3. 防治措施

（1）认真核对图纸和熟悉规范要求，精确计算配料单。

（2）钢筋安装时核对配料单和构件尺寸。

4. 规范要求

（1）纵向受拉钢筋的最小搭接长度应符合验收规范要求外还应注意：

1）受压钢筋绑扎接头的搭接长度应为表中数值的 0.7 倍。

2）在任何情况下，纵向受拉钢筋的搭接长度不应小于 300mm。受压钢筋搭接长度不应小于 200mm。

3）两根直径不同钢筋的搭接长度，以较细钢筋直径计算。

4）在绑扎接头的搭接长度范围内，应绑扎三点。

（2）电弧焊连接：钢筋采用电弧焊焊接时：搭接双面焊长度为 4d（5d），搭接单面焊长度为 8d（10d）。

（十一）钢筋锚固

1. 现象

钢筋锚固长度不够。见图 2-45。

2. 原因分析

钢筋下料长度不够。

图 2-45　钢筋锚固长度不足

3. 防治措施

（1）认真核对图纸和熟悉规范要求，精确计算配料单。

（2）钢筋安装时核对配料单和构件尺寸。

（3）当受力钢筋平直伸入支座长度不符合锚固要求时，可采用弯折形式。

（4）当圆钢筋末端应做 180°弯钩，弯后平直段长度不应小于 3d。

（5）纵向受拉钢筋在任何情况下锚固长度不应小于 25d。

（6）当 HRB335、HRB400 级钢筋的直径大于 25mm 时其锚固长度应乘以修正系数 1.1。

（十二）钢筋骨架绑扎

问题一：

1. 现象

结构梁钢筋骨架变形。见图 2-46。

2. 原因分析

（1）钢筋骨架绑扎点绑扎不牢固。

（2）混凝土保护层垫块不到位，在外力作用下使其钢筋骨架变形。

（3）浇筑混凝土前检查不到位。

3. 防治措施

（1）钢筋骨架绑扎点绑扎牢固。

（2）受力钢筋位置准确，混凝土保护层垫块到位。避免后续工序施工时外力作用影响。

问题二：

1. 现象

结构梁受力钢筋为多排时，绑扎位置不符合要求。见图 2-47。

图 2-46　钢筋骨架变形

图 2-47　绑扎位置不符合要求

2. 原因分析

（1）技术交底不清楚。

（2）绑扎点不牢固。

3. 防治措施

（1）加强技术交底和检查力度。

（2）钢筋骨架绑扎点绑扎牢固。

（3）受力钢筋位置准确，混凝土保护层垫块到位。避免后续工序施工时外力作用影响。

（4）吊起第二排负弯矩钢筋，保证与第一排钢筋间距在 25mm。

（十三）结构预留洞口钢筋加固

问题一：

1. 现象

结构板预留洞割断受力钢筋，加固不到位。见图 2-48。

2. 原因分析

（1）技术交底不清楚。

（2）安装工程只顾自己方便，未能和土建工程形成技术衔接。

（3）检查验收不到位。

3. 防治措施

（1）施工前进行技术交底。

（2）矩形洞边长和圆形洞直径不大于 300 时受力钢筋绕过孔洞不另外设置补强钢筋。

（3）矩形洞边长和圆形洞直径大于 300 但不大于 1000 时，当设计注写补强纵筋时，应按注写的规格、数量与长度补强。当设计无注写时，按每边配置两根直径不小于 12mm 且不小于同向被切断纵向钢筋总面积的 50% 补强，补强钢筋的强度等级与被切断钢筋相同并不知在同一层面，其间距为 30mm。

问题二：

1. 现象

剪力墙预留洞割断受力钢筋，加固不到位。见图 2-49。

图 2-48　洞割断受力钢筋，加固不到位　　　图 2-49　预留洞割断受力钢筋，加固不到位

2. 规范要求

图集 09G901-2（3-11～3-12）规定：

（1）圆形洞：①直径小于等于 300 时，当设计注写补强钢筋时，按注写设置。当设计无注写时，按每边配置两根直径不小于 12mm 且不小于同向被切断纵向钢筋总面积的 50% 补强，补强钢筋的强度等级与被切断钢筋相同。②直径大于 300 小于等于 800 时按设计注写设置。③直径大于 800 时，洞口上下补强暗梁配筋按设计标注，当洞上边或洞下边未剪力墙连梁时不再重复补强暗梁。

（2）方形洞：①洞边尺寸小于等于 800 时，当设计注写补强钢筋时，按注写设置。当设计无注写时，按每边配置两根直径不小于 12mm 且不小于同向被切断纵向钢筋总面积的 50% 补强，补强钢筋的强度等级与被切断钢筋相同。②方洞洞边尺寸大于 800 时，洞口上下补强暗梁配筋按设计标注，当洞上边或洞下边未剪力墙连梁时不再重复补强暗梁。

（十四）钢筋种植

1. 现象

钢筋种植不牢固（没有粘接剂）。见图 2-50。

图 2-50 种植钢筋不牢固，未粘结

2. 原因分析

（1）钻孔深度不够。

（2）粘结胶不符合要求。

（3）钻孔后没有清空。

（4）钢筋种植后没有静置 12h。

3. 防治措施

（1）保证钻孔深度。

（2）使用合格的结构植筋脚。

（3）钻孔后进行浮灰清理。

（4）钢筋种植后静置 12h 不扰动。

（5）在二次结构施工中应根据墙体模数或构件尺寸下料种植钢筋。

4. 种植钢筋施工方法

施工过程：钻孔——清空——填胶粘剂——植筋——凝胶。

（1）钻孔使用配套冲击电钻。钻孔时孔径和钻孔深度应满足设计要求。

（2）清空时，先用吹气法清除孔洞内粉尘，再用清孔刷清孔，要经多次吹刷完成。同时，不能用水冲洗，以免残留在孔中的水分削弱粘接剂的作用。

（3）使用植筋注射器从孔底向外均匀注入粘接剂。

（4）按顺时针方向把钢筋平行于孔洞走向轻轻植入孔中，直至插入孔底，粘接剂溢出。种植钢筋孔径与孔深见表 2-4。

种植钢筋孔径与孔深 　　　　　　　　　　　　　　　　　　表 2-4

钢筋直径	(mm)	10	12	14	16	18	20	22	25	28	32	40
钻孔直径	(mm)	14	16	18	22	25	28	30	32	37	40	48
钢筋屈服植入深度	(mm)	106	139	179	214	258	300	346	428	513	627	894

（5）将钢筋外露端固定，使其不受外力作用，直至凝结。

（十五）柱子钢筋定位绑扎问题

问题一：

1. 现象

纵筋偏位严重。

2. 原因

柱轴线放线不准确；柱模板搭设支撑不牢；柱钢筋骨架绑扎不牢，在节点处梁柱钢筋交叉，梁钢筋就位时把柱钢筋挤歪了；浇筑混凝土时振动不当，把纵筋骨架振松；人为踩踏、来回泵管的拖拉等。

3. 防治措施

在柱主筋内侧，根据柱筋的定位尺寸，焊制定型的定位箍筋和外围标准箍筋配套使用，待混凝土浇筑完成凝固后，将内定型箍取出，循环使用，防止柱主筋偏位。

图 2-51　柱纵筋偏移严重

图 2-52　采用定型箍进行定位

图 2-53　钢筋定位好的做法

问题二：柱子纵向钢筋连接

1. 现象：

抗震 KZ 柱相邻纵向钢筋连接接头相互未错开。在同一截面内钢筋接头面积百分率大于 50%。

2. 原因分析

（1）是施工前技术交底未到位。

（2）不注重过程中的控制，未按规范进行施工。

3. 防治措施

柱子纵筋连接位置应符合设计要求，首层柱（嵌固部位上）$\geqslant H_n/3$ 内为非连接区，楼面上部及梁底下部 $\geqslant H_n/6$ 且 $\geqslant 500$ 且 $\geqslant h_c$ 部位为非连接区。绑扎搭接接头区域应错开

$\geqslant 0.3 l_{lE}$，机械连接和焊接连接接头应错开$\geqslant 35d$。

当某层连接区的高度小于纵筋分两批搭接所需的高度时，应改用机械连接或焊接连接。当设计中注明轴心受拉及小偏心受拉柱的平面位置及层数时，轴心受拉及小偏心受拉柱内的纵向钢筋不得采用绑扎搭接接头。

图 2-54　钢筋连接错误做法

图 2-55　焊接位置错误

图 2-56　钢筋焊接正确做法

上柱钢筋比下柱多时见图 2-57，上柱钢筋直径比下柱钢筋直径大时见图 2-58，下柱钢筋比上柱钢筋多时见图 2-59，下柱钢筋直径比上柱钢筋直径大时见图 2-60。

图中为绑扎搭接，也可采用机械连接和焊接连接。

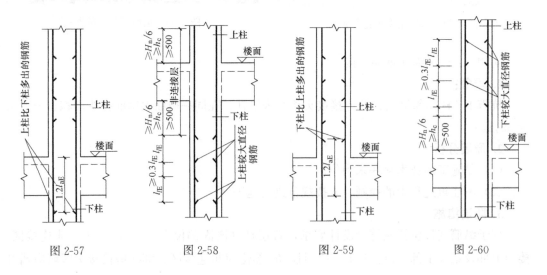

图 2-57　　　　　　　图 2-58　　　　　　　图 2-59　　　　　　　图 2-60

问题三：抗震 KZ 柱变截面位置纵向钢筋构造

抗震 KZ 柱变截面时，纵筋构造应符合图 2-61、图 2-62 中的规定，不得随意在楼面上弯折或割断处理。

图 2-61 柱变截面，纵筋没有在梁柱　　　　图 2-62 柱变截面，纵筋没有在梁柱
　　　　节点内弯折，在楼面弯折　　　　　　　　　节点内弯折，在楼面弯折

问题四：抗震 KZ 中柱柱顶纵向钢筋构造

抗震 KZ 柱中柱柱头纵向钢筋分四种构造做法，施工人员应根据各种做法所要求的条件正确选用。

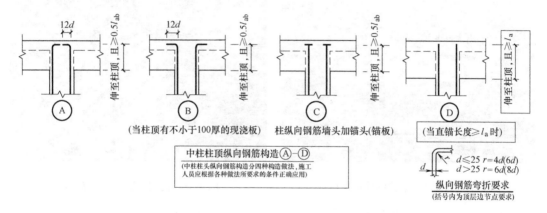

图 2-63 抗震 KZ 柱中柱柱头纵向钢筋分四种构造做法

抗震 KZ 中柱纵筋柱顶直锚长度不够，　　　抗震 KZ 中柱纵筋柱顶直锚长度不够，
　部分被割掉，锚固不符合设计要求　　　　　　被割掉，锚固不符合设计要求

图 2-64 抗震 KZ 纵筋错误做法　　　　图 2-65 抗震 KZ 纵筋锚固不符合要求

问题五：抗震屋面框架梁纵向钢筋和抗震 KZ 边柱、角柱柱顶纵向钢筋构造

抗震屋面框架梁纵向钢筋和抗震 KZ 边柱、角柱柱顶纵向钢筋构造必须符合设计要求，当设计无具体要求时，根据工程实际情况按《混凝土结构施工图平面整体表示方法制图规则和构造详图（现浇混凝土框架、剪力墙、梁、板）》选用标准节点。不得随意割除柱顶纵筋。

图 2-66　抗震 KZ 边柱，锚固不符合要求

图 2-67　抗震 KZ 边柱纵筋柱顶热弯

图 2-68　抗震 KZ 钢筋正确做法

问题六：梁柱节点钢筋构造

图 2-69　梁柱节点箍筋未按设计要求加密箍筋

梁柱节点箍筋必须按设计要求的间距加密箍筋。当现场安装有困难时，可在柱每侧设置不少于 1 根 $\phi 12$ 钢筋段与节点箍筋点焊制成钢筋笼，随绑扎后的梁筋一起下沉至设计位置。

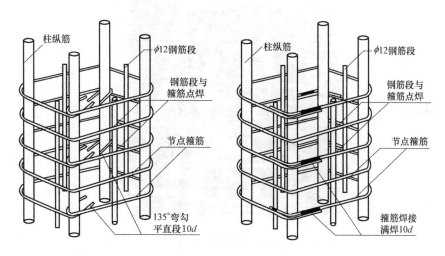

图 2-70 梁柱节点箍筋正确做法

图 2-71 梁柱节点箍筋好的做法

问题七：梁多层钢筋绑扎

梁主筋设计为多层时，一、二排纵筋之间的净距不小于 25mm 和一排纵筋直径的较大者。如箍筋弯钩阻挡二排纵筋位置，应将箍筋弯钩如图 2-73 处理。分隔筋直径不小于 25mm 和纵筋直径的较大者，一、二排纵筋与分隔筋三者必须靠紧，用粗铁丝绑扎，梁面第一分隔筋距支座 0.5m 处设置，以后每增加 3m 设一处，同一面纵筋每跨不少于 2 处；梁底第一分隔筋距支座 1.5m 处设置，以后每增加 3m 设一处，每跨不少于 2 处。

问题八：钢筋绑扎

剪力墙、板钢筋必须满扎，不得跳扎。

图 2-72　梁部间距过大

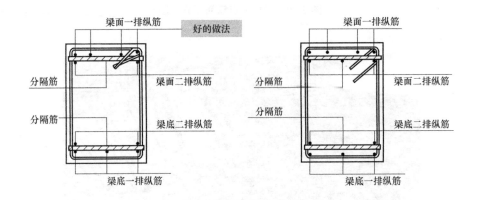

图 2-73　梁部钢筋正确做法

图 2-74　钢筋严重跳扎

图 2-75　剪力墙钢筋满扎

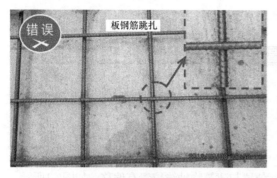

图 2-76 板钢筋跳扎

图 2-77 钢筋满扎正确做法

(十六) 马凳筋支撑问题

1. 现象

钢筋锈蚀，底板泛黄。

2. 原因分析

直接安装在模板面上，未设置保护层垫块。

3. 防治措施

马凳筋不得直接安装在模板面上，应安装在板底筋上，在安装马凳筋位置的板底筋十字部位垫好板底筋的保护层垫块。见图 2-78、图 2-79。

图 2-78 钢筋锈蚀，底板泛黄

图 2-79 钢筋板底加垫块

第三章 模板工程质量问题及预防处理措施

（一）轴线位移

1. 现象

混凝土浇筑后拆除模板时，发现柱、墙实际位置与建筑物轴线位置有偏移，如图3-1所示。

图 3-1 模板轴线位移

2. 原因分析

（1）翻样不认真或技术交底不清，模板拼装时组合件未能按规定到位。

（2）轴线测放产生误差。

（3）墙、柱模板根部和顶部无限位措施或限位不牢，发生偏位后又未及时纠正，造成累积误差。

（4）支模时，未拉水平、竖向通线，且无竖向垂直度控制措施。

（5）模板刚度差，未设水平拉杆或水平拉杆间距过大。

（6）混凝土浇筑时未均匀对称下料，或一次浇筑高度过高造成侧压力过大挤偏模板。

（7）对拉螺栓、顶撑、木楔使用不当或松动造成轴线偏位。

3. 防治措施

（1）严格按 1/50～1/10 的比例将各分部、分项翻成详图并注明各部位编号、轴线位置、几何尺寸、剖面形状、预留孔洞、预埋件等，经复核无误后认真对生产班组及操作工人进行技术交底，作为模板制作、安装的依据。

（2）模板轴线测放后，组织专人进行技术复核验收，确认无误后才能支模。

（3）墙、柱模板根部和顶部必须设可靠的限位措施，如采用现浇楼板混凝土上预埋短钢筋固定钢支撑，以保证底部位置准确。

（4）支模时要拉水平、竖向通线，并设竖向垂直度控制线，以保证模板水平、竖向位置准确。

（5）根据混凝土结构特点，对模板进行专门设计，以保证模板及其支架具有足够强度、刚度及稳定性。

（6）混凝土浇筑前，对模板轴线、支架、顶撑、螺栓进行认真检查、复核，发现问题及时进行处理。

（7）混凝土浇筑时，要均匀对称下料，浇筑高度应严格控制在施工规范允许的范围内。

（二）标高偏差

1. 现象

测量时，发现混凝土结构层标高及预埋件、预留孔洞的标高与施工图设计标高之间有偏差，如图 3-2 所示。

2. 原因分析

（1）楼层无标高控制点或控制点偏少，控制网无法闭合；竖向模板根部未找平。

（2）模板顶部无标高标记，或未按标记施工。

（3）高层建筑标高控制线转测次数过多，累计误差过大。

（4）预埋件、预留孔洞未固定牢，施工时未重视施工方法。

（5）楼梯踏步模板未考虑装修层厚度。

3. 防治措施

（1）每层楼设足够的标高控制点，竖向模板根部须做找平。

（2）模板顶部设标高标记，严格按标记施工。

（3）建筑楼层标高由首层 ±0.000 控制，严禁逐层向上引测，以防止累计误差，当建筑高度超过 30m 时，应另设标高控制线，每层标高引测点应不少于 2 个，以便复核。

（4）预埋件及预留孔洞，在安装前应与图纸对照，确认无误后准确固定在设计位置上，必要时用电焊或套框等方法将其固定，在浇筑混凝土时，应沿其周围分层均匀浇筑，严禁碰击和振动预埋件与模板。

（5）楼梯踏步模板安装时应考虑装修层厚度。

（三）结构变形

1. 现象

拆模后发现混凝土柱、梁、墙出现鼓凸、缩颈或翘曲现象，如图 3-3 所示。

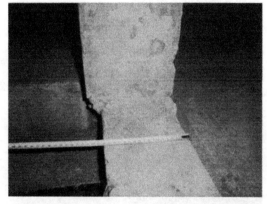

图 3-2 混凝土标高偏差超规范范围　　　　图 3-3 出现结构变形现象

2. 原因分析

（1）支撑及围檩间距过大，模板刚度差。

（2）组合小钢模，连接件未按规定设置，造成模板整体性差。

（3）墙模板无对拉螺栓或螺栓间距过大，螺栓规格过小。

（4）竖向承重支撑在地基土上未夯实，未垫平板，也无排水措施，造成支承部分地基下沉。

（5）门窗洞口内模间对撑不牢固，易在混凝土振捣时模板被挤偏。

（6）梁、柱模板卡具间距过大，或未夹紧模板，或对拉螺栓配备数量不足，以致局部模板无法承受混凝土振捣时产生的侧向压力，导致局部爆模。

（7）浇筑墙、柱混凝土速度过快，一次浇灌高度过高，振捣过度。

（8）采用木模板或胶合板模板施工，经验收合格后未及时浇筑混凝土，长期日晒雨淋而变形。

3. 防治措施

（1）模板及支撑系统设计时，应充分考虑其本身自重、施工荷载及混凝土的自重及浇捣时产生的侧向压力，以保证模板及支架有足够的承载能力、刚度和稳定性。

（2）梁底支撑间距应能够保证在混凝土重量和施工荷载作用下不产生变形，支撑底部若为泥土地基，应先认真夯实，设排水沟，并铺放通长垫木或型钢，以确保支撑不沉陷。

（3）组合小钢模拼装时，连接件应按规定放置，围檩及对拉螺栓间距、规格应按设计要求设置。

（4）梁、柱模板若采用卡具时，其间距要按规定设置，并要卡紧模板，其宽度比截面尺寸略小。

（5）梁、墙模板上部必须有临时撑头，以保证混凝土浇捣时，梁、墙上口宽度。

（6）浇捣混凝土时，要均匀对称下料，严格控制浇灌高度，特别是门窗洞口模板两侧，既要保证混凝土振捣密实，又要防止过分振捣引起模板变形。

（7）对跨度不小于 4m 的现浇钢筋混凝土梁、板，其模板应按设计要求起拱；当设计无具体要求时，起拱高度宜为跨度的 1/1000～3/1000。

（8）采用木模板、胶合板模板施工时，经验收合格后应及时浇筑混凝土，防止木模板长期暴晒雨淋发生变形。

（四）接缝不严

1. 现象

由于模板间接缝不严有间隙，混凝土浇筑时产生漏浆，混凝土表面出现蜂窝，严重的出现孔洞、露筋，如图 3-4～图 3-6 所示。

图 3-4　模板拼缝不严实　　　　　图 3-5　混凝土出现孔洞现象

2. 原因分析

（1）翻样不认真或有误，模板制作马虎，拼装时接缝过大。

（2）木模板安装周期过长，因木模干扁造成裂缝。

（3）木模板制作粗糙，拼缝不严。

（4）浇筑混凝土时，木模板未提前浇水湿润，使其胀开。

（5）钢模板变形未及时修整。

（6）钢模板接缝措施不当。

（7）梁、柱交接部位，接头尺寸不准、错位。

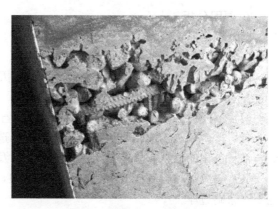

图 3-6　混凝土出现漏筋现象

3. 防治措施

（1）翻样要认真，严格按 1/50～1/10 比例将各分部分项细部翻成详图，详细编注，经复核无误后认真向操作工人交底，强化工人质量意识，认真制作定型模板和拼装。

（2）严格控制木模板含水率，制作时拼缝要严密。

（3）木模板安装周期不宜过长，浇筑混凝土时，木模板要提前浇水湿润，使其胀开密缝。

（4）钢模板变形，特别是边框外变形，要及时修整平直。

（5）钢模板间嵌缝措施要控制，不能用油毡、塑料布、水泥袋等去嵌缝堵漏。

（6）梁、柱交接部位支撑要牢靠，拼缝要严密（必要时缝间加双面胶纸），发生错位要校正好，如图 3-7 所示。

（五）隔离剂使用不当

1. 现象

模板表面用废机油涂刷造成混凝土污染，或混凝土残浆不清除即刷隔离剂，造成混凝土表面出现麻面等缺陷，如图 3-8 所示。

图 3-7　模板接缝严实

图 3-8　隔离剂使用不当，导致混凝土粘模

2. 原因分析

（1）拆模后不清理混凝土残浆即刷隔离剂。

（2）隔离剂涂刷不匀或漏涂，或涂层过厚。

（3）使用了废机油隔离剂，既污染了钢筋及混凝土，又影响了混凝土表面装饰质量。

3. 防治措施

（1）拆模后，必须清除模板上遗留的混凝土残浆后，再刷隔离剂。

（2）严禁用废机油作隔离剂，隔离剂材料选用原则应为：既便于脱模又便于混凝土表面装饰。选用的材料有皂液、滑石粉、石灰水及其混合液和各种专门化学制品隔离剂等。

（3）隔离剂材料宜拌成稠状，应涂刷均匀，不得流淌，一般刷两次为宜，以防漏刷，也不宜涂刷过厚。

（4）隔离剂涂刷后，应在短期内及时浇筑混凝土，以防隔离层遭受破坏。

（六）模板未清理干净

1. 现象

模板内残留木块、浮浆残渣、碎石等建筑垃圾，拆模后发现混凝土中有缝隙，且有垃圾夹杂物，如图3-9所示。

图3-9　模板内垃圾等未清理干净导致夹渣

2. 原因分析

（1）钢筋绑扎完毕，模板位置未用压缩空气或压力水清扫。

（2）封模前未进行清扫。

（3）墙柱根部、梁柱接头最低处未留清扫孔，或所留位置不当无法进行清扫。

3. 防治措施

（1）钢筋绑扎完毕，用压缩空气或压力水清除模板内垃圾。

（2）在封模前，派专人将模内垃圾清除干净。

（3）墙柱根部、梁柱接头处预留清扫孔，预留孔尺寸≥100mm×100mm，模内垃圾清除完毕后及时将清扫口处封严。

（七）封闭或竖向模板无排气孔、浇捣孔

1. 现象

由于封闭或竖向的模板无排气孔，混凝土表面易出现气孔等缺陷，高柱、高墙模板未

留浇捣孔，易出现混凝土浇捣不实或空洞现象，如图 3-10、图 3-11 所示。

图 3-10　混凝土气孔

图 3-11　混凝土振捣不实

2. 原因分析

（1）墙体内大型预留洞口底模未设排气孔，易使混凝土对称下料时产生气囊，导致混凝土不实。

（2）高柱、高墙侧模无浇捣孔，造成混凝土浇灌自由落距过大，易离析或振动棒不能插到位，造成振捣不实。

3. 防治措施

（1）墙体的大型预留洞口（门窗洞等）底模应开设排气孔，使混凝土浇筑时气泡及时排出，确保混凝土浇筑密实。

（2）高柱、高墙（超过 3m）侧模要开设浇捣孔，以便于混凝土浇灌和振捣。

（八）模板支撑选配不当使结构变形

1. 现象

由于模板支撑体系选配和支撑方法不当，结构混凝土浇筑时产生变形，如图 3-12 所示。

2. 原因分析

（1）支撑选配马虎，未经过安全验算，无足够的承载能力及刚度，混凝土浇筑后模板变形。

（2）支撑稳定性差，无保证措施，混凝土浇筑后支撑自身失稳，使模板变形。

3. 防治措施

（1）模板支撑系统根据不同的结构类型和模板类型来选配，以便相互协调配套。使用时，应对支承系统进行必要的验算和复核，尤其是支柱间距应经计算确定，确保模板支撑系统具有足够的承载能

图 3-12　模板支撑体系不当，导致结构变形

力、刚度和稳定性。

（2）木质支撑体系如与木模板配合，木支撑必须钉牢楔紧，支柱之间必须加强拉结连紧，木支柱脚下用对拔木楔调整标高并固定，荷载过大的木模板支撑体系可采用枕木堆塔方法操作，用扒钉固定好。

（3）钢质支撑体系其钢楞和支撑的布置形式应满足模板设计要求，并能保证安全承受施工荷载，钢管支撑体系一般宜扣成整体排架式，其立柱纵横间距一般为 1m 左右（荷载大时应采用密排形式），同时应加设斜撑和剪刀撑。

（4）支撑体系的基底必须坚实可靠，竖向支撑基底如为土层时，应在支撑底铺垫型钢或脚手板等硬质材料。

（5）在多层或高层施工中，应注意逐层加设支撑，分层分散施工荷载。侧向支撑必须支顶牢固，拉结和加固可靠，必要时应打入地锚或在混凝土中预埋铁件和短钢筋头做撑脚。

（九）带形基础模板缺陷

1. 现象

沿基础通长方向，模板上口不直，宽度不准；下口陷入混凝土内；侧面混凝土麻面、露石子；拆模时上段混凝土缺损；底部上模不牢。

2. 原因分析

（1）模板安装时，挂线垂直度有偏差，模板上口不在同一直线上。

（2）钢模板上口未用圆钢穿入洞口扣住，仅用钢丝对拉，有松有紧；或木模板上口未钉木带，浇筑混凝土时，其侧压力使模板下端向外推移，以致模板上口受到向内推移的力而内倾，使上口宽度大小不一。

（3）模板未撑牢，在自重作用下模板下垂。浇筑混凝土时，部分混凝土由模板下口翻上来，未在初凝时铲平，造成侧模下部陷入混凝土内。

（4）模板平整度偏差过大，残渣未清除干净；拼缝缝隙过大，侧模支撑不牢。

（5）木模板临时支撑直接撑在土坑边，以致接处土体松动掉落。

3. 防治措施

（1）模板应有足够的承载能力和刚度，支模时，垂直度要找准确。

（2）钢模板上口应用 $\phi 8 \sim \phi 10$ 圆钢套入模板顶端小孔内，中距 $500 \sim 800mm$。木模板上口应钉木带，以控制带形基础上口宽度，并通长拉线，保证上口平直。

（3）上段模板应支承在预先横插圆钢或预制混凝土垫块上；木模板也可用临时木撑，以使侧模支承牢靠，并保持高度一致。

（4）发现混凝土由上段模板下翻至下段，应在混凝土初凝前轻轻铲平至模板下口，使模板下口不至于卡牢。

（5）混凝土呈塑性状态时切忌用铁锹在模板外侧用力拍打，以免造成上段混凝土下滑，形成根部缺损。

（6）组装前应将模板上残渣剔除干净，模板拼缝应符合规范规定，侧模应支撑牢靠。

（7）支撑直接撑在土坑边时，下面应垫木板，以扩大其接触面。木模板长向接头处应加拼条，使板面平整，连接牢固。

（十）杯形基础模板缺陷

1. 现象

杯形基础中心线不准；杯口模板位移；混凝土浇筑时芯模浮起；拆模时芯模起不出。

2. 原因分析

（1）杯形基础中心线弹线未兜方。

（2）杯形基础上段模板支撑方法不当，浇筑混凝土时，杯芯木模板由于不透气，产生浮力，向上浮起。

（3）模板四周的混凝土下料不均匀，振捣不均衡，造成模板偏移。

（4）操作脚手板搁置在杯口模板上，造成模板下沉。

（5）杯芯模板拆除过迟，粘结太牢。

3. 防治措施

（1）杯形基础木模板应首先找准中心线位置标高，先在轴线桩上找好中心线，用线坠在垫层上标出两点，弹出中心线，再由中心线按图弹出基础四面边线，要兜方并进行复核，用水平仪测定标高，然后依线支设模板。

（2）木模板支上段模板时采用抬把木带，可使位置准确，托木的作用是将木带与下段混凝土面隔开少许间距，便于混凝土面拍平。

（3）杯芯木模板要刨光直拼，芯模外表面涂隔离剂，底部应钻几个小孔，以便排气，减少浮力。

（4）浇筑混凝土时，在芯模四周要均衡下料并振捣。

（5）脚手板不得搁置在模板上。

（6）拆除的杯芯模板，要根据施工时的气温及混凝土凝固情况来掌握，一般在初凝前后即可用锤轻打，撬棍拨动。较大的芯模，可用捯链将杯芯模板稍加松动后，再徐徐拔出。

（十一）梁模板缺陷

1. 现象

梁身不平直，梁底不平，下挠；梁侧模炸模（模板崩坍）；拆模后发现梁身侧面鼓出有水平裂缝、掉角、上口尺寸加大、表面毛糙；局部模板嵌入柱梁间，拆除困难。

2. 原因分析

（1）模板支设未校直撑牢，支撑整体稳定性不够。

（2）模板没有支撑在坚硬的地面上。混凝土浇筑过程中，由于荷载增加，泥土地面受潮降低了承载力，支撑随地面下沉变形。

（3）梁底模未按设计要求或规范规定起拱；未根据水平线控制模板标高。

（4）侧模承载能力及刚度不够，拆模过迟或模板未使用隔离剂。

（5）木模板采用黄花松或易变形的木材制作，混凝土浇筑后变形较大，易使混凝土产生裂缝、掉角和表面毛糙。

（6）木模在混凝土浇筑后吸水膨胀，事先未留有空隙。

3. 防治措施

（1）梁底支撑间距应能保证在混凝土自重和施工荷载作用下不产生变形。支撑底部如为泥土地面，应先认真夯实，铺放通长垫木，以确保支撑不沉陷。梁底模应按设计或规范要求起拱。

（2）梁侧模应根据梁的高度进行配制，若超过 60cm，应加钢管围檩，上口则用圆钢插入模板上端小孔内。若梁高超过 700mm，应在梁中加对穿螺栓，与钢管围檩配合，加强梁侧模刚度及强度。

（3）支梁木模时应遵守边模包底模的原则。梁模与柱模连接处，应考虑梁模板吸湿后长向膨胀的影响，下料尺寸一般应略为缩短，使木模在混凝土浇筑后不致嵌入柱内。

（4）木模板梁侧模下口必须有夹条木，钉紧在支柱上，以保证混凝土浇筑过程中，侧模下口不致炸模。

（5）梁侧模上口模横档（次龙骨），应用斜撑双面支撑在支柱顶部。如有楼板，则上口横档应放在板模龙骨下。

（6）梁模用木模时尽量不采用黄花松或其他易变形的木材制作，并应在混凝土浇筑前充分用水浇透。

（7）模板支立前，应认真涂刷隔离剂两遍。

（8）当梁底距地面高度过高时（一般为 5m 以上），宜采用脚手钢管扣件支模或桁架支模。

（9）花篮梁模板一般可与预制楼板吊装相配合，注意这种模板支柱应能承受预制楼板重量、混凝土重量及施工荷载，同时应注意混凝土浇筑时模板支撑系统不得变形（图 3-13～图 3-18）。

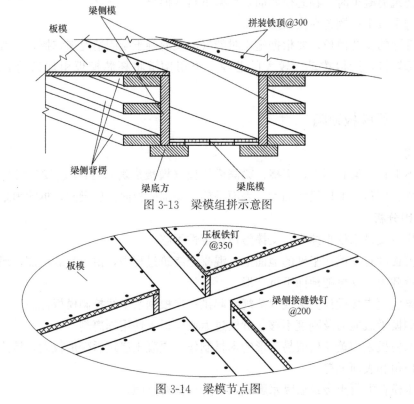

图 3-13　梁模组拼示意图

图 3-14　梁模节点图

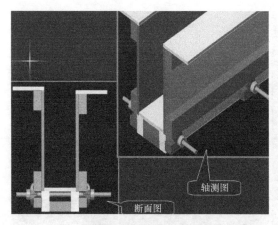

图 3-15 加固详图

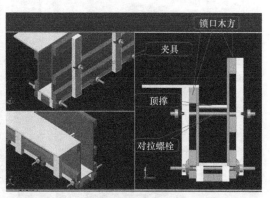

图 3-16 边梁加固示意图

图 3-17 梁底模制作

图 3-18 梁底模交接处拼密缝

（十二）柱模板缺陷

1. 现象

（1）炸模。造成截面尺寸不准，鼓出、漏浆，混凝土不密实或蜂窝麻面，如图 3-19、图 3-20 所示。

（2）偏斜。一排柱子不在同一轴线上。

（3）柱身扭曲。梁柱接头处偏差大，如图 3-20 所示。

2. 原因分析

（1）柱箍间距太大或不牢，钢筋骨架缩小，或木模钉子被混凝土侧压力拔出。

（2）测放轴线不认真，梁柱接头处未按大样图安装组合。

（3）成排柱子支模不跟线、不找方，钢筋偏移未扳正就套柱模。

（4）柱模未保护好，支模前已歪扭，未整修好就使用。板缝不严密。

（5）模板两侧松紧不一。未进行模板柱箍和穿墙螺栓设计。

（6）模板上有混凝土残渣，未很好清理，或拆模时间过早。

3. 防治措施

（1）成排柱子支模前，应先在底部弹出通线，将柱子位置兜方找中。

（2）柱子支模前必须先校正钢筋位置。

图 3-19　柱模板出现胀模现象　　　　　　　图 3-20　梁柱接头偏差较大

（3）柱子底部应做小方盘模板，或以钢筋角钢焊成柱断面外包框，保证底部位置准确。

（4）成排柱模支撑时，应先立两端柱模，校直与复核位置无误后，顶部拉通长线，再立中间各根柱模。柱距不大时，相互间应用剪刀撑及水平撑搭牢。柱距较大时，各柱单独拉四面斜撑，保证柱子位置准确。

（5）钢柱模由下至上安装，模板之间用楔形插销插紧，转角位置用连接角模将两模板连接，以保证角度准确。

（6）调节柱模每边的拉杆或顶杆上的花篮螺栓，校正模板的垂直度，拉杆或顶杆的支承点（钢筋环）要牢固可靠地与地面成不大于45°的夹角，预埋在楼板混凝土内。

（7）根据柱子断面的大小及高度，柱模外面每隔500～800mm应加设牢固的柱箍，必要时增加对拉螺栓，防止炸模。

（8）柱模如用木料制作，拼缝应刨光拼严，门子板应根据柱宽采用适当厚度，确保混凝土浇筑过程中不漏浆、不炸模、不产生外鼓。

（9）较高的柱子，应在模板中部一侧留临时浇捣口，以便浇筑混凝土，插入振动棒，当混凝土浇筑到临时洞口时，即应封闭牢固。

（10）模板上混凝土残渣应清理干净，柱模拆除时的混凝土强度应能保证其表面及棱角不受损伤。

（十三）墙模板缺陷

1. 现象

（1）炸模、倾斜变形，墙体不垂直，如图 3-21 所示。

（2）墙体厚薄不一，墙面高低不平，如图 3-22 所示。

（3）墙根跑浆、露筋，模板底部被混凝土及砂浆裹住，拆模困难。

（4）墙角模板拆不出。

图 3-21　剪力墙胀模

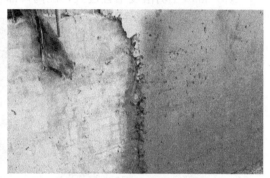

图 3-22　剪力墙面错台

2. 原因分析

（1）钢模板事先未作排版设计，未绘排列图；相邻模板未设置围檩或围檩间距过大，对拉螺栓选用过小或未拧紧；墙根未设导墙，模板根部不平，缝隙过大。

（2）模板制作不平整，厚度不一致，相邻两块墙模板拼接不严、不平，支撑不牢，没有采用对拉螺栓来承受混凝土对模板的侧压力，以致混凝土浇筑时炸模；或因选用的对拉螺栓直径太小或间距偏大，不能承受混凝土侧压力而被拉断。

（3）模板间支撑方法不当。

（4）混凝土浇筑分层过厚，振捣不密实，模板受侧压力过大，支撑变形。

（5）角模与墙模板拼接不严，水泥浆漏出，包裹模板下口。拆模时间太迟，模板与混凝土粘结力过大。

（6）未涂刷隔离剂，或涂刷后被雨水冲走。

3. 防治措施

（1）墙面模板应拼装平整，符合质量检验评定标准。

（2）有几道混凝土墙时，除顶部设通长连接木方定位外，相互间均应用剪刀撑撑牢。

（十四）构造柱模板缺陷

1. 现象

构造柱采用胶合板模板，混凝土浇筑拆模后，表面平整度差，振捣密实性差，有胀模现象。

2. 原因分析

（1）采用的模板刚度差，两侧模板组装松紧不一。

（2）未采用对拉螺栓，仅采用对顶支撑或钢丝拉结固定模板。

（3）未采用振捣棒振捣密实。

（4）浇捣口处混凝土处理马虎。

3. 防治措施

（1）周转次数多刚度差的胶合板模板不得使用，模板采用 50mm×100mm 方木作横肋，设穿墙螺栓以 ϕ48 钢管作围檩收紧。

（2）构造柱上口开设斜槽浇捣口，用小直径振动棒将混凝土振捣密实，严禁用器具撞击模板内外。

（3）混凝土坍落度不宜过大，浇捣口部位分层用微膨胀混凝土填实，如图 3-23 所示。

图 3-23　构造柱样板

（十五）板模板缺陷

1. 现象

板中部下挠；板底混凝土面不平；采用木模板时梁边模板嵌入梁内不易拆除。

2. 原因分析

（1）模板龙骨用料较小或间距偏大，不能提供足够的强度及刚度，底模未按设计或规范要求起拱，造成挠度过大。

（2）板下支撑底部不牢，混凝土浇筑过程中荷载不断增加，支撑下沉，板模下挠。

（3）板底模板不平，混凝土接触面平整度超过允许偏差。

（4）将板模板铺钉在梁侧模上面，甚至略伸入梁模内，浇筑混凝土后，板模板吸水膨胀，梁模也略有外胀，造成边缘一块模板嵌牢在混凝土内。

3. 防治措施

（1）楼板模板下的龙骨和牵杠木应由模板设计计算确定，确保有足够的强度和刚度，支承面要平整。

（2）支撑材料应有足够强度，前后左右相互搭牢增加稳定性；支撑如撑在软土地基上，必须将地面预先夯实，并铺设通长垫木，必要时垫木下再加垫横板，以增加支撑在地面上的接触面，保证在混凝土重量作用下不发生下沉（要采取措施消除泥地受潮后可能发生的下沉）。

（3）木模板板模与梁模连接处，板模应铺到梁侧模外口齐平，避免模板嵌入梁混凝土内，以便于拆除。

（4）板模板应按规定要求起拱。钢木模板混用时，缝隙必须嵌实，并保持水平一致。

（十六）框支转换梁模板缺陷

1. 现象

框支转换梁出现下挠现象，侧向出现胀模。

2. 原因分析

（1）顶撑设置间距过大，承受不了转换梁钢筋混凝土和模板自重及施工荷载，使转换梁出现下挠现象。

（2）侧向模板对拉螺栓配置数量少，致使侧向模板刚度不足。

（3）框支梁未按设计要求或规范要求起拱来抵消大梁下挠变形。

（4）混凝土振捣过振，使模板变形。

（5）框支梁钢筋过密出现梁筋顶住模板，使模板不能安装严密。

3. 防治措施

（1）对模板结构进行荷载组合，计算和验算模板的承载能力和刚度，核对顶撑配备密度及对拉螺杆的数量是否满足框支转换梁混凝土浇筑时的刚度、强度和稳定性要求，据此编制合理的施工方案。

（2）当框支转换梁跨度大于或等于 4m 时，模板应根据设计要求起拱；当设计无要求时，起拱高度宜为全长跨度的 1‰～3‰，钢模板可取偏小值 1‰～2‰，木模板可取偏大值 1.5‰～3‰。

（3）框支梁钢筋翻样时应充分考虑钢筋保护层，绑扎过程中严格控制质量，使模板能就位。混凝土浇筑严禁过振，严禁振动模板。

（十七）楼梯模板缺陷

1. 现象

楼梯侧帮露浆、麻面，底部不平，如图 3-24 所示。

2. 原因分析

（1）楼梯底模采用钢模板，遇有不能满足模数配齐时，以木模板相拼，楼梯侧帮模也用木模板制作，易形成拼缝不严密，造成跑浆。

（2）底板平整度偏差过大，支撑不牢靠。

3. 防治措施

（1）侧帮在梯段处可用钢模板，以

图 3-24　楼梯施工缝留设位置不当，混凝土不密实

2mm 厚薄钢板模和 8 号槽钢点焊连接成型，每步两块侧帮必须对称使用，侧帮与楼梯立帮用 U 形卡连接。

（2）底模应平整，拼缝要严密，符合施工规范要求，若支撑杆细长比过大，应加剪刀撑撑牢。

（3）采用胶合板组合模板时，楼梯支撑底板的木龙骨间距宜为 300～500mm，支承和横托的间距为 800～1000mm，托木两端用斜支撑支柱，下用单楔楔紧，斜撑间用牵杠互相拉牢，龙骨外面钉上外帮侧板，其高度与踏步口齐，踏步侧板下口钉 1 根小支撑，以保证踏步侧板的稳固，如图 3-25 所示。

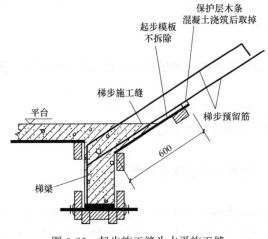

图 3-25　起步施工缝为水平施工缝

（十八）雨篷模板缺陷

1. 现象

雨篷根部漏浆露石子，混凝土结构变形。

2. 原因分析

（1）雨篷根部底板模支立不当，混凝土浇筑时漏浆。

（2）雨篷根部胶合板模板下未设托木，混凝土浇筑时根部模板变形。

（3）悬挑雨篷其根部混凝土较前端厚，模板施工时，模板支撑未被重视，未采取相应措施。

3. 防治措施

（1）认真识图，进行模板翻样，重视悬挑雨篷的模板及其支撑，确保有足够的承载能力、刚度及稳定性。

（2）雨篷底模板根部应覆盖在梁侧模板上口，其下用 50mm×100mm 木方顶牢，混凝土浇筑时，振点不应直接在根部位置。

（3）悬挑雨篷模板施工时，应根据悬挑跨度将底模向上反翘 2～5mm 左右，以抵消混凝土浇筑时产生的下挠变形。

（4）悬挑雨篷混凝土浇筑时，应根据现场同条件养护制作的试件，当试件强度达到设计强度的 100% 以上时，方可拆除雨篷模板。

第四章　混凝土工程质量问题及预防处理措施

一、表面缺陷

(一) 蜂窝

1. 现象

混凝土结构局部出现酥松、砂浆少、石子多、石子之间形成空隙类似蜂窝状的窟窿，如图 4-1 所示。

2. 原因分析

(1) 混凝土配合比不当或砂、石子、水泥材料加水量不准，造成砂浆少、石子多。

(2) 混凝土搅拌时间不够，未拌合均匀，和易性差，振捣不密实。

(3) 下料不当或下料过高，未设串筒使石子集中，造成石子砂浆离析。

(4) 混凝土未分层下料，振捣不实，或漏振，或振捣时间不够。

(5) 模板缝隙未堵严，水泥浆流失。

(6) 钢筋较密，使用的石子粒径过大或坍落度过小。

(7) 基础、柱、墙根部末梢加间歇就继续灌上层混凝土。

3. 防治措施

认真设计，严格控制混凝土配合比，经常检查，做到计量准确；混凝土拌合均匀，坍落度适合；混凝土下料高度超过 2m 应设串筒和溜槽；浇灌应分层下料，分层捣固，防止漏振；模板缝应堵塞严密，浇灌中，应随时检查模板支撑情况，防止漏浆；基础、柱、墙根部应在下部浇完间歇 1～1.5h，沉实后再浇上部混凝土，避免出现"烂脖子"。

图 4-1　剪力墙蜂窝、漏浆

小蜂窝：洗刷干净后，用 1:2 或 1:2.5 水泥砂浆抹平压实；较大蜂窝：凿去蜂窝处薄弱松散颗粒，刷洗干净，支模用高一级细石混凝土仔细填塞捣实；较深蜂窝：如清除困难，可埋压浆管、排气管、表面抹砂浆或灌注混凝土封闭后进行水泥压浆处理。

(二) 麻面

1. 现象

混凝土局部表面出现缺浆和许多小凹坑、麻点，形成粗糙面，但无钢筋外漏现象，如

图 4-2 所示。

2. 原因分析

（1）模板表面粗糙或粘附水泥浆渣等杂物未清理干净，拆模时混凝土表面被粘坏。

（2）模板未浇水湿润或湿润不够，构件表面混凝土的水分被吸去，使混凝土失水过多出现麻面。

（3）模板拼缝不严，局部漏浆。

（4）模板隔离剂涂刷不均，或局部漏刷或失效，混凝土表面与模板粘结造成麻面。

（5）混凝土振捣不实，气泡未排除，在模板表面形成麻面。

3. 防治措施

模板表面清理干净，不得粘有干硬水泥砂浆等杂物；浇灌混凝土前，模板应浇水充分湿润，模板缝隙，应用油毡纸、腻子等堵严；模板隔离剂应选用长效的，涂刷均匀，不得漏刷；混凝土应分层均匀振捣密实，至排除气泡为止表面做粉刷的，可不处理，表面无粉刷的，应在麻面部位浇水充分湿润后用原混凝土配合比去石子砂浆，将麻面抹平压光。

（三）孔洞

1. 现象

混凝土结构内部有尺寸较大的空隙，局部没有混凝土或蜂窝特别大，钢筋局部裸露或全部裸露，如图 4-3 所示。

2. 原因分析

（1）在钢筋较密的部位或预留孔洞和埋设件处，混凝土下料被搁住，未振捣就继续浇筑上层混凝土。

图 4-2　剪力墙麻面　　　　　　　　　　图 4-3　剪力墙孔洞

（2）混凝土离析，砂浆分离，石子成堆，严重跑浆，又未进行振捣。

（3）混凝土一次下料过多、过厚、下料过高，振捣器振动不到，形成松散孔洞。

（4）混凝土内掉入工具、木块、泥块等杂物，混凝土被卡住。

3. 防治措施

在钢筋密集处及复杂部位，采用细石子混凝土浇灌，在模板内充满，认真分层振捣密实或配人工捣固；预留孔洞，应两侧同时下料，侧面加开浇灌口，严防漏振；砂石中混有黏土块、模板工具等杂物掉入混凝土内，应及时清除干净。将孔洞周围的松散混凝土和软弱浆膜凿除，用压力水冲洗，支设带托盒的模板，洒水充分湿润后用高强度等级细石混凝土仔细浇灌捣实。

（四）漏筋

1. 现象

混凝土内部主筋、副筋或箍筋局部裸露在结构构件表面，如图 4-4 所示。

2. 原因分析

（1）灌注混凝土时，钢筋保护层垫块位移，或垫块太少或漏放，致使钢筋紧贴模板外漏。

图 4-4　混凝土漏筋

（2）结构构件截面小，钢筋过密，石子卡在钢筋上，使水泥砂浆不能充满钢筋周围，造成漏筋。

（3）混凝土配合比不当，产生离析，靠模板部位缺浆或模板漏浆。

（4）混凝土保护层太小或保护层处混凝土漏振或振捣不实；或振捣棒撞击钢筋或踩踏钢筋，使钢筋位移，造成漏筋。

（5）木模板未浇水湿润，吸水粘结或脱模过早，拆模时缺棱、掉角，导致漏筋。

3. 防治措施

浇灌混凝土，应保证钢筋位置和保护层厚度正确，并加强检查；钢筋密集时应选用适当粒径的石子，保证混凝土配合比准确和良好的和易性；浇灌高度超过 2m，应用串筒和溜槽进行下料，以防止离析；模板应充分湿润并认真堵好缝隙；混凝土振捣严禁撞击钢筋，在钢筋密集处，可采用刀片或振动棒振捣；操作时避免踩踏钢筋，如有踩弯或脱扣等及时调直修整；保护层混凝土要振捣密实；正确掌握脱膜时间，防止过早拆膜，碰坏棱角。

表面漏筋：刷洗干净后，在表面抹 1∶2 或 1∶2.5 水泥砂浆，将充满漏筋部位抹平；漏筋较深：凿去薄弱混凝土和突出颗粒，洗刷干净后，用比原来高一强度等级的细石混凝土填塞压实。

（五）烂脖子

1. 现象

基础、柱、墙混凝土浇筑后，与基础、柱台阶或柱、墙底板交接处，出现蜂窝状空隙，台阶或底板混凝土被挤隆起的现象。

2. 原因分析

基础、柱或墙根部混凝土浇筑后，接着往上浇筑，由于此时台阶或底板部分混凝土尚未沉实凝固，在重力作用下脱落形成蜂窝和空隙（俗称烂脖子、掉脚）。

3. 防治措施

基础、柱、墙根部应在下部台阶（板或底板）混凝土浇筑完间歇 1.0～1.5h，沉实后，再浇上部混凝土，以阻止根部混凝土向上滑动；基础台阶或柱、墙前，应先沿上部基础台阶或柱、墙模板底圈做成内外坡度，待上部混凝土浇筑完毕再将下部台阶或底板混凝土铲平、拍实、拍平。

处理时将烂脖子处松散混凝土和软弱颗粒凿去，洗刷干净后，支模，用比原混凝土高一强度等级的细石混凝土填补，并捣实。

（六）疏松、脱落

1. 现象

混凝土结构、构件浇筑脱模后，表面出现酥松、剥落等情况，表面强度比内部要低很多。

2. 原因分析

（1）木模板未浇水湿透或湿润不够，混凝土表层水泥水化需要的水分被吸去，造成混凝土脱水疏松、脱落。

（2）炎热刮风天气浇筑混凝土，脱模后未适当护盖浇水养护，造成混凝土表层快速脱水产生疏松。

（3）冬期低温浇筑混凝土，未采取保温措施，结构混凝土表面受冻，造成疏松剥落。

3. 防治措施

木模板在混凝土浇筑前应湿透；炎热季节浇筑混凝土后应适当护盖浇水养护；冬期低温浇筑混凝土后应护盖保温防冻。

表面较浅的疏松脱落，可将疏松部分凿去，洗刷干净，充分湿润后，用1：2或1：2.5水泥砂浆抹平压实；较深的疏松脱落，可将疏松和突出颗粒凿去，刷洗干净充分湿润后，支模用比结构高一强度等级的细石混凝土浇筑，强力捣实，并加强养护。

（七）缝隙、夹层

1. 现象

混凝土内成层存在水平或垂直的松散混凝土，如图4-5、图4-6所示。

图4-5　混凝土夹层　　　　　　图4-6　混凝土冷缝、松散、夹杂杂物

2. 产生原因

（1）施工缝或变形缝未经接缝处理、清除表面水泥薄膜和松动石子或未除去软弱混凝土、表面湿润就灌注混凝土。

（2）施工缝处锯屑、泥土、砖块等杂物未清除或未清除干净。

（3）混凝土浇灌高度过大，未设串筒、溜槽，造成混凝土离析。

（4）底层交接处未灌接缝砂浆层，接缝处混凝土未很好振捣。

3. 防治措施

认真按施工验收规范要求处理施工缝及变形缝表面；接缝处锯屑、泥土砖块等杂物应清理干净；混凝土浇灌高度大于 2m 应设串筒和溜槽；接缝处浇灌前应先浇 5～10cm 厚原配合比无石子砂浆，或 10～15cm 厚减半石子混凝土，以利接合良好，并加强接缝处混凝土的振捣密实。

缝隙夹层不深时，可将松散混凝土凿去，洗刷干净后，用 1∶2 或 1∶2.5 水泥砂浆强力填嵌密实；缝隙夹层较深时，应清除松散部分和内部夹杂物，用压力水冲洗干净后支模，强力灌细石混凝土或表面封闭后进行压浆处理。

（八）缺棱掉角

1. 现象

结构或构件边角处混凝土局部掉落，不规则，棱角有缺陷，如图 4-7 所示。

2. 原因分析

（1）木模板未充分浇水湿润或湿润不够；混凝土浇筑后保养不好，造成脱水，强度低，或模板吸水膨胀将边角拉裂，拆模时，棱角被粘掉。

图 4-7　结构缺棱掉角

（2）低温施工过早拆除侧面非承重模板。

（3）拆模时，边角受外力或重物撞击，或保护不好，棱角被碰掉。

（4）模板未涂刷隔离剂，或涂刷不匀。

3. 防治措施

木模板在浇筑混凝土前应充分湿润，混凝土浇筑后应认真浇水养护；拆除侧面非承重模板时，混凝土应具有 1.2MPa 以上强度；吊运模板，防止撞击棱角，运输时，将成品阳角用草袋等保护好，以免碰损。缺棱掉角，可将该处松散颗粒凿除，冲洗。充分湿润后，视破损程度用 1∶2 或 1∶2.5 水泥砂浆抹补齐整，或支模用比原来高一强度等级的混凝土捣实补好，认真养护。

（九）松散

1. 现象

混凝土柱、墙、基础浇筑后，在距顶面 50～100mm 高度内出现粗糙、松散，有明显的颜色变化，内部出现多孔性，基本上是砂浆，无石子分布其中，强度较下部为低，影响结构的受力性能和耐久性，经不起外力冲击和磨损。

2. 原因分析

（1）混凝土配合比不当，砂率不合适，水灰比过大，混凝土浇捣后石子下沉，上部造成松顶。

（2）振捣时间过长，造成离析，并使气体浮于顶部。

（3）混凝土的泌水没有排除，使顶部形成一层含水量大的砂浆层。

3. 防治措施

混凝土配合比设计，水灰比不要过大，以减少泌水性，同时应使混凝土拌合物有良好的保水性；在混凝土中掺加加气剂或减水剂，减少用水量，提高和易性；混凝土振捣时间不宜过长，应控制在 20s 以内，不产生离析；混凝土浇至顶部时应排除泌水，并进行二次振捣和二次抹面；连续浇筑高度较大的混凝土结构时，随着浇筑高度的上升，分层减水；采用真空吸水技术，将多余游离水分吸去，提高顶部混凝土的密实性。

处理时，将松顶部分砂浆层凿去，洗刷干净，充分湿润后，用高一强度等级的细石混凝土填灌密实，并认真养护。

（十）松顶

1. 现象

为混凝土顶部松散，内部呈多孔性。症状为距顶面 5～10cm 范围内有明显颜色变化，表面粗糙无光泽。基本上全是砂浆，其中无石子分布。就是夏天拆模后，混凝土松部表面也出现跟冬天结过冰一样鱼鳞状现象。见图 4-8。

2. 原因分析

水灰比过大产生离析引起。

图 4-8　松顶

3. 防治措施

（1）设计的混凝土配合比，水灰比不要过大，以减少泌水性，同时应使混凝土拌合物有良好的保水性；

（2）在混凝土中掺加加气剂或减水剂，减少用水量，提高和易性；

（3）混凝土振捣时间不宜过长，应控制在 20s 以内，不使产生离析。混凝土浇至顶层时应排除泌水，并进行二次振捣和二次抹面；

（4）连续浇筑高度较大的混凝土结构时，随时浇筑高度的上升，分层减水；

（5）采用真空吸水工艺，将多余游离水分吸去，提高顶部混凝土的密实性。

二、外形尺寸偏差

（一）混凝土板表面不平整

1. 现象

混凝土表面凹凸不平，或板厚薄不一，表面不平。

2. 原因分析

（1）混凝土浇筑后，表面仅用铁锹拍平，未用抹子找平压光，造成表面粗糙不平。

（2）模板未支撑在坚硬土层上，或支撑面不足，或支撑松动、泡水，致使新浇灌混凝土早期养护时发生不均匀下沉。

（3）混凝土未达到一定强度时，上人操作或运料，使表面出现凹陷或印痕。

3. 防治措施

严格按施工规范操作，灌注混凝土后，应根据水平控制标志或弹线用抹子找平、压光，终凝后浇水养护；模板应有足够的强度、刚度和稳定性，应支在坚实地基上，有足够的支撑面积，并防止浸水，以保证不发生下沉；在浇灌混凝土时，加强检查；混凝土强度达到 1.2MPa 以上，方可在已浇结构上走动。

（二）凹凸、鼓胀

1. 现象

柱、墙、梁等混凝土表面出现凹凸鼓胀，如图 4-9 所示，偏差超过允许值。

2. 原因分析

（1）模板支撑在松软地基上，不牢固或刚度不够，混凝土浇灌后局部产生较大侧向变形。

（2）模板支撑不够或穿墙螺栓未销紧，致结构胀胎，造成鼓胀。

（3）混凝土浇筑未分层进行一次下料过多或用吊斗直接往模板内倾倒或振捣混凝土时间过长，振动钢筋模板，造成跑模或较大变形。

图 4-9　墙胀模

（4）组合柱浇筑混凝土时，利用半砖外墙作模板，由于墙侧向刚度差，使组合柱容易发生膨胀，同时影响外墙平整。

3. 防治措施

模板支架及斜撑必须支撑在坚实地基上并有足够的支撑面积，以保证不发生下沉；柱模板应有足够数量的柱箍；混凝土浇筑前应仔细检查支撑是否牢固，穿墙螺栓是否锁紧，发现松动及时处理；墙浇筑混凝土时应分层进行，首层浇筑厚度为 50cm，然后均匀捣实；上部每层浇筑厚度不得大于 1.0m；防止一次下混凝土过多；为防止组合柱浇筑混凝土时发生鼓胀，应在外墙每隔 1m 左右设两根拉条，与组合柱模板或内墙拉结。

凡不影响结构质量的凹凸鼓胀可不处理；如需局部剔凿修补处理的，应适当修整；一般再用1:2或1:2.5水泥砂浆或比原混凝土高一强度等级的细石混凝土进行修补。

（三）位移倾斜

1. 现象

施工缝有渗漏水现象见图4-10。

图4-10 施工缝渗漏水

2. 原因分析

模板固定不牢固，拼缝不严密，定位放线不准及振捣不到位。

3. 预防措施

（1）板应固定牢固，对独立基础杯口部分采用吊模时，要采取措施将吊模固定好，不得松动，以保持模板在混凝土浇筑时不至于产生较大的水平位移；

（2）板应拼缝严密，并支顶在坚实的地基上，无松动；螺栓应紧固可靠，标高、尺寸应符合要求，并应检查核对，以防止施工过程中发生位移或倾斜；

（3）洞口模板及各种预埋件应支设牢固，保证位置和标高准确，检查合格后，才能浇筑混凝土；

（4）浇框架柱群模板应左右均拉线以保持稳定；现浇柱预制梁结构，柱模板四周应支设斜撑或斜拉杆，用法兰螺栓调节，以保证其垂直度；

（5）量放线位置线要弹准确，认真吊线找直，及时调整误差，以消除误差累积，并仔细检查、核对，保证施工误差不超过允许偏差值；

（6）筑混凝土时防止冲击门口模板和预埋件，坚持门洞口两侧混凝土对称均匀进行浇筑和振捣。柱浇筑混凝土时，每排柱子底由外向内对称顺序进行，不得由一端向另一端推进，以防止柱模板发生倾斜。独立柱混凝土初凝前，应对其垂直度进行一次校核，如有偏差应及时调整；

（7）捣混凝土时，不得冲击振动钢筋、模板及预埋件，以防止模板产生变形或预埋件位移或脱落。

三、内部疵病

（一）混凝土强度偏低或波动太大（强度不够、均质性差）

1. 现象

同批混凝试块的抗压强度平均值低于设计要求强度等级。

2. 原因分析

（1）水泥过期或受潮，活性降低；砂石集料级配不好，空隙大含泥量高，杂物多；外加剂使用不当掺量不准确。

（2）混凝土配合比不当，计量不准；施工中随意加水，使水灰比增大。

（3）混凝土加料顺序颠倒，搅拌时间不够，拌不匀。

（4）冬期施工，拆模过早或早期受冻。

（5）混凝土试块制作未振捣密实，养护管理不善，或养护条件不符合要求，在同条件养护时，过早脱水或受外力砸坏。

3. 防治措施

水泥应有出厂合格证，新鲜无结块，过期水泥经试验合格才用；砂，石粒径、级配、含泥量应符合要求；严格控制混凝土配合比，保证计量准确；混凝土应按顺序拌制，保证搅拌时间和拌匀；防止混凝土早期受冻，冬期施工用普通水泥配制混凝土，强度达到30%以上，矿渣水泥配制的混凝土达到40%以上，可遭受冻结；按施工规范要求认真制作混凝土试块，并加强对试块的管理和养护。

当混凝土强度偏低，可用非破损方法（如回弹仪法、超声波法）来测定结构混凝土实际强度，如仍不能满足要求，可按实际强度校核结构的安全度，研究处理方案，采取相应加固或补强措施。

（二）保护性能不良

1. 现象

钢筋锈蚀，铁锈膨胀导致混凝土裂开。

2. 原因分析

混凝土保护层破坏或保护性能不良。

3. 预防措施

（1）混凝土施工形成的表面缺陷应及时仔细进行修补，并应确保修补质量；

（2）钢筋混凝土中掺加氯盐量（按无水状态计算）不得超过水泥重量的1%，并宜同时掺加亚硝酸钠阻锈剂，其与氯盐的掺量比例为1∶1；

（3）在高湿度空气环境中使用的结构、处于水位升降部位和经常受水淋的结构、与含有酸碱或硫酸盐等侵蚀性介质相接触的结构以及靠近直流和高压电源的结构，不得在钢筋混凝土结构中掺加氯盐；

（4）结构在冬期施工配制混凝土应采用普通水泥、低水灰比，掺加适量早强抗冻剂以提高早期强度，防止受冻。并对混凝土进行畜热保温或加热养护，直至达到40%设计强度等级。

（三）预埋铁件空鼓

1. 现象

预埋铁件下部、预留孔周围的混凝土浇筑时极易出现蜂窝、混凝土夹渣层。

2. 原因分析

在浇筑时发现空鼓，应立即将未凝结的混凝土挖出，重新填充混凝土并插捣，使饱满密实。如在混凝土硬化后发现空鼓，可在钢板外侧凿2～3个小洞，用二次压浆法压灌饱满。

3. 预防措施

（1）预埋铁件背面的混凝土应自己振捣并辅以人工捣实。水平预埋铁件下面的混凝土采用赶浆法浇筑，由一侧下料振捣，另一侧挤出，并辅以人工横向插倒，使达到密实、无气泡为止；

（2）预埋铁件背面的混凝土应采用较干硬性混凝土浇筑，以减少干缩；

（3）水平预埋件应在钢板上钻1～2个排气孔，以利用气泡和泌水的排出。

四、混凝土裂缝

（一）塑性收缩裂缝

1. 现象

主要发生在混凝土暴露表面，裂缝深度一般不大。见图4-11。

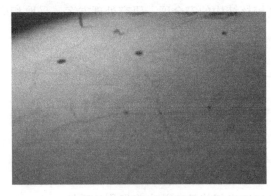

图4-11　塑性收缩裂缝

2. 原因分析

主要是失水，即由于水分从混凝土表面蒸发损失，导致的混凝土体积收缩。

3. 预防措施

就是对混凝土进行养护，最好保持混凝土表面潮湿（覆盖湿布、洒水等），至少也要防止水分从混凝土表面蒸发损失（包裹塑料薄膜、喷洒养护剂等）。

（1）配制混凝土时，应严格控制水灰比和水泥用量，选择级配良好的石子，减小空隙率和砂率；同时，要捣固密实，以减少收缩量，提高混凝土早期的抗裂强度；

（2）浇筑混凝土前，将基层和模板浇水湿透，避免吸收混凝土中的水分；

（3）混凝土浇筑后，对裸露表面应及时用潮湿材料覆盖，认真养护，防止强风吹袭和烈日暴晒；

（4）在气温高、湿度低或风速大的天气施工，混凝土浇筑后，应及早进行喷水养护，使其保持湿润；分段浇筑混凝土宜浇完一段，养护一段。在炎热季节，要加强表面的抹压和养护；

（5）在混凝土表面喷一度氯偏乳液养护剂，或覆盖塑料薄膜或湿草袋，使水分不易蒸发；

（6）加设挡风设施，以降低作用与混凝土表面的风速。

（二）沉降收缩裂缝

1. 现象

表现裂缝两边高低不平，形成错台，裂缝都是贯穿整个板厚，既有纵向也有横向的，路面一般以纵向居多。见图4-12。

2. 原因分析

沉陷裂缝的产生是由于结构地基土质不匀、松软或回填土不实或浸水而造成不均匀沉降所致，或者因为模板刚度不足，模板支撑间距过大或支撑底部松动等导致，特别是在冬季，模板支撑在冻土上，冻土化冻后产生不均匀沉降，致使混凝土结构产生裂缝。此类裂缝多为深进或贯穿性裂缝，裂缝呈梭形，其走向与沉陷情况有关，一般沿与地面垂直或呈 $30°\sim45°$ 方向发展，较大的沉陷裂缝，往往有一定的错位，裂缝宽度往往与沉降量成正比关系。裂缝宽度 $0.3\sim0.4\text{mm}$，受温度变化

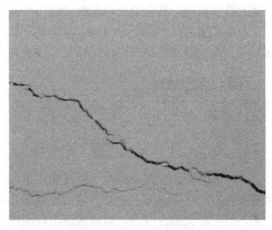

图 4-12　沉降收缩裂缝

的影响较小。地基变形稳定之后，沉陷裂缝也基本趋于稳定。

3. 防治措施

（1）加强混凝土配制和施工操作控制，不使水灰比、砂率、坍落度过大；振捣要充分，但避免过度；

（2）对于截面相差较大的混凝土构筑物，可先浇筑较深部位，静停 $2\sim3\text{h}$，待沉降稳定后，再与上部薄截面混凝土同时浇筑，以避免沉降过大导致裂缝；

（3）在混凝土硬化前保持塑性时，再对表面抹压一遍；

（4）适当增加混凝土的保护层厚度。

（三）干缩、裂缝

1. 现象

干缩、裂缝。

2. 原因分析

（1）混凝土成型后，养护不当，受到风吹日晒，表面水分散失快，体积收缩大，而内部湿度变化很小，收缩小，表面收缩剧变受到内部混凝土的约束，出现拉应力而引起开裂；或者平卧薄型构件水分蒸发过快，体积收缩受到地基垫层或台座的约束，而出现干缩裂缝。

（2）混凝土构件长期露天堆放，时干时湿，表面湿度发生剧烈变化。

（3）采用含泥量大的粉砂配置混凝土，收缩大，抗拉强度低。

（4）混凝土经过度振捣，表面形成水泥含量较大的砂浆层，收缩量加大。

（5）后张法预应力构件，在露天长久堆放而不张拉等。

3. 防治措施

控制混凝土水泥用量、水灰比和砂率不要过大；严格控制砂石含泥量避免使用过量粉砂，混凝土应振捣密实，并注意对板面进行二次抹压，以提高抗拉强度、减少收缩量；加强混凝土早期养护，并适当延长养护时间；长期露天堆放的预制构件，可覆盖草帘、草袋，避免暴晒，并定期适当洒水，保持湿润；薄壁构件应在阴凉地方堆放并覆盖，避免发

生过大湿度变化；其余参见"塑性裂缝"的预防措施。

表面干缩裂缝，可将裂缝加以清洗，干燥后涂刷两遍环氧胶泥或贴环氧玻璃布进行表面封闭；深进的或贯穿的，应用环氧灌缝或在表面加刷环氧胶泥封闭。

（四）温度裂缝

1. 现象

（略）。

2. 产生原因

（1）表面温度裂缝，多由于温度较大引起，如冬期施工过早拆除模板、保温层，或受到寒潮袭击，导致混凝土表面急剧的温度变化而产生较大的降温收缩，受到内部混凝土的约束，产生较大的拉应力，而使表面出现裂缝。

（2）深进的和贯穿的温度裂缝，多由于结构温差较大，受到外界约束而引起。如大体积混凝土基础、墙体浇筑在坚硬地基或厚大老混凝土垫层上，如混凝土浇灌时温度较高，当混凝土冷却收缩，受到地基、混凝土垫层或其他外部结构的约束，将使混凝土内部出现很大拉应力，产生降温收缩裂缝。裂缝为深进的，有时是贯穿性的，常破坏整体性。

（3）基础长期不回填，受风吹日晒或寒潮袭击作用；框架结构的梁、墙板、基础等，由于与刚度较大的柱、基础连接，或预制构件浇筑在台座伸缩缝上，因温度收缩变形受到约束，降温时也常出现深进的或贯穿的温度裂缝。

（4）采用蒸汽养护的预制构件，混凝土降温制度控制不严，降温过速，或养生窑坑急速揭盖，使混凝土表面剧烈降温，而受到肋部或胎模的约束，常导致构件表面或肋部出现裂缝。

3. 防治措施

预防表面裂缝，可控制构件内外不出现过大温差；浇灌混凝土后，应及时用草帘或草袋覆盖，洒水养护；在冬期混凝土表面应采取保温措施，不过早拆除模板和保温层；对薄壁构件，适当延长拆模时间，使之缓慢降温；拆模时块体中部和表面温差不宜大于 25℃，以防急剧冷却造成的表面裂缝；地下结构混凝土拆模后要及时回填。

预防深进和贯穿温度裂缝，应尽量选用矿渣水泥或粉煤灰配置混凝土；或混凝土中掺适量粉煤灰、减水剂，以节省水泥，减少水化热量；选用良好级配的集料，控制砂、石子含泥量，降低水灰比（0.6 以下），加强振捣，提高混凝土密实性和抗拉强度；避开炎热天气浇筑大体积混凝土；必须时，可采用冰水拌制混凝土，或对集料进行喷水预冷却，以降低浇灌温度；分层浇灌混凝土，每层厚度不大于 30cm；大体积基础，采取分块、分层间隔浇筑（间隔时间为 5~7d），分块厚度 1.0~1.5m，以利水化热散发和减少约束作用；或每隔 20~30m 留一条 0.5~1.5m 宽间断缝，40d 后再填筑，以减少温度收缩应力；加强洒水养护，夏季应适当延长养护时间，冬季适当延缓保温和脱模时间，缓慢降温，拆模时内外温差控制不大于 20℃；在岩石及厚混凝土垫层上，浇筑大体积混凝土时，可浇一层沥青胶或铺两层沥青，油纸做隔离层；预制构件与胎座和胎膜间应涂刷隔离剂，以防粘结，长线台座生产构件及时放松预应力筋，以减少约束作用；蒸汽养护构件时控制升温速度不大于 25℃/h，降温不大于 20℃/h，并缓慢揭盖，及时脱模，避免引起过大的温差应力。

表面温度裂缝可采用涂两遍环氧胶泥，或加贴环氧玻璃布进行表面封闭；对有防渗要求的结构，缝宽大于 0.1mm 的深进或贯穿裂缝，可根据裂缝可灌程度，采用灌水泥浆或环氧甲凝或丙凝浆液方法进行修补，或灌浆与表面封闭同时采用，宽度小于 0.1mm 的裂缝，一般会自行愈合，可不处理或只进行表面处理。

（五）撞击裂缝

1. 现象

裂缝有水平的、垂直的和斜向的，裂缝的部位和走向随受到撞击荷载的作用点、大小和方向而异；裂缝宽度、深度和长度不一，无一定规律性。

2. 原因分析

（1）拆模时受外力撞击；

（2）拆模过早或拆模方法不当。

3. 防治措施

（1）现浇结构成型和拆模，应防止受到各种施工荷载地撞击和振动；

（2）结构脱模时必须达到规范要求的拆模强度，并应使结构受力均匀；

（3）拆模应按规定的程序进行，后支的先拆，先支的后拆，先拆除非承重部分，后拆除承重部分，使结构不受到损伤；

（4）在梁板混凝土未达到设计强度前，避免在其上用手推车运输和堆放大量工程和施工用料，防止梁板受到振动和将梁板压裂。

（六）化学反应裂缝

1. 现象

（1）构件表面出现与纵（横）向钢筋平行的裂缝，缝隙间夹有铁锈痕迹。

（2）裂缝不连续，局部呈鼓泡状，中心凸起，裂缝向周围放射延伸。

（3）裂缝呈不规则形状，混凝土松动、崩裂、剥落。

（4）剥落的混凝土表面带有斑黄色锈迹或白黄色颗粒。

2. 原因分析

（1）混凝土是由水泥、骨料、水及体内存留气体组成，是一种非均匀质的合成材料。在温度和湿度的变化下，水泥石发生收缩变形。从而产生初始应力（拉应力或剪应力），使骨料和水泥石接合面局部产生微细裂缝。在荷载的作用下裂缝逐渐扩展。当裂缝达到一定宽度和深度时，空气、水等物质就会渗入到混凝土内接触到钢筋。在氧气的催化下，钢筋发生化学反应生成铁锈而膨胀，造成混凝土裂缝甚至脱落。

（2）在拌制混凝土时，掺有超标量氯化物外加剂，对钢筋产生化学腐蚀，使之体积增大而胀裂混凝土。

（3）混凝土中含有硅质岩类或镁质岩等活性氧化。

3. 防治措施

（1）冬期施工混凝土中掺加氯化物量应严格控制在允许的范围内，并差价适量阻锈剂（亚硝酸钠）；采用海砂作细骨料时，氯化物含量应控制在砂重的 0.1% 以内；在钢筋混凝土结构中避免用海水拌制混凝土；适量增厚保护层或对钢筋涂防腐蚀涂料，对混凝土加密封外罩；混凝土采用级配良好的石子，使用低水灰比，加强振捣，以降低渗透率，阻止电腐蚀作用；

（2）采取含铝酸三钙少的水泥，或掺加火山灰掺料，以减轻硫酸盐或镁盐对水泥的作用；或对混凝土表面进行防腐，以阻止对混凝土的侵蚀；避免采用含硫酸盐或镁盐的水拌制混凝土；

（3）防止采用含活性氧化硅的骨料配制混凝土，或采用低碱性水泥和掺火山灰的水泥配制混凝土，降低碱化物质和活性硅的比例，以控制化学反应的产生；

（4）加强水泥的检验，防止使用含游离氧化钙多的水泥配制混凝土，或经处理后使用。

（七）冻胀裂缝

1. 现象

结构构件表面沿主筋、箍筋方向出现宽窄不一的裂缝，深度一般到主筋，周围混凝土酥松、剥落。

2. 原因分析

冬期施工混凝土结构构件未保温混凝土早期遭受冻结，将表层混凝土冻胀，解冻后钢筋部位变形仍不能恢复，而出现裂缝、剥落。

3. 预防措施

（1）冬期施工时，配置混凝土应采用普通水泥，低水灰比，并掺适量早强抗冻剂；

（2）对混凝土进行蓄热保温或加热养护。

（八）后浇带混凝土疏松、开裂、渗漏等质量通病

1. 现象

疏松、开裂、渗漏、不干净等，如图4-13、图4-14所示。

2. 原因分析

（1）底板施工阶段因素

由于后浇带内钢筋应穿过模板，而该部位纵向钢筋较多，因而难以做到模板的严丝合缝，因而在振捣混凝土时难免混凝土浆从模板缝隙流入后浇带内，而一旦流入地梁内则难以清除，尤其不及时清除，待其硬化后清除则更加困难，若采用剔凿的措施则易导致钢筋损伤而降低钢筋的结构承载力。

（2）上部结构施工阶段因素

从后浇带留设到浇筑后浇带混凝土需经历较长时间，期间后浇带内极易落入建筑垃圾，即使提前将其盖严待浇筑混凝土时也易落入粉状垃圾，而将该部分垃圾清除存在一定难度，尤其是地梁内垃圾清除难度更大，即使地梁内空间较大，采取人工进入剔凿则会浪费大量的人力和物力，并会影响施工工期。

3. 预防措施

（1）预留清理空间

为方便后期清理后浇带内垃圾应预先留置清理空间，可在垫层浇筑时将后浇带内混凝土标高适当下移，并可在地梁侧面预留一定空间以保证人工进入，若后期进入垃圾较少则

可不进行清理，即使落入杂物较多，也可因空间的存在降低清理难度。

图 4-13　后浇带处混凝土疏松　　　　　　图 4-14　后浇带不易清理干净

（2）底板混凝土施工阶段

模板支设。该部分模板应采用快易收口网施工技术，其自身的孔网角形嵌合在浇筑混凝土时会自动嵌入从而形成永久模板，且该类网体易于定型而降低施工难度，同时采用该技术可减少蜂窝、麻面的生成，其收口孔眼在混凝土浇筑后可留设在表层而形成粗糙面实现新旧混凝土间的良好粘结。在混凝土浇筑时应结合厚度采取分层浇筑、分层振捣的措施，并控制振捣过程中振捣器距离模板间距和振捣时间，以免振捣过程中水泥浆流失严重，若后浇带内留设垂直施工缝则该部分可采用钢钎进行捣实。

（3）后浇带防水施工

后浇带防水包括底板防水和墙体防水，底板防水应先在垫层上施工一道防水以增强其抗渗效果，并在后浇带两侧设置挡水墙以防雨雪水进入后浇带，并应在外墙后浇带外砌筑挡土墙以方便土方及时回填。在后浇带施工过程中可采取无收缩混凝土进行浇筑，并应将后浇带断面进行凿毛处理后用高压水枪冲洗以将表面杂物清除干净，并应留置止水带以提高防水效果。

（4）后浇带内混凝土施工

后浇带浇筑若仅考虑混凝土的收缩变形应在两个月之后，两侧混凝土可完成 60％以上收缩，若按沉降变形考虑则应在高层主体结构设计完成之后进行，将高层的差异沉降放过一部分，以减小后期混凝土差异沉降量。浇筑时间也应该根据地基情况及其他情况区别对待，当采用天然地基，或以摩擦桩为主的桩基时，应在主题结构完成后再进行后浇带施工，当主体在卵石或基岩上或以端承桩为主的桩基时，主体结构达到一定高度方可浇筑后浇带。由于后浇带内混凝土多采用具有伸缩性的混凝土，因而其必须在两侧混凝土龄期达到 60d 后方可浇筑，若后浇带具有沉降性质则应待全部墙体施工完成后方可进行浇筑，或结合沉降观测数据，待沉降满足一定要求后方可进行浇筑。后浇带混凝土的入模温度应低于两侧混凝土入模温度，浇筑前应将两侧侧板冲水湿润，将内部垃圾彻底清除干净，若钢筋存在锈蚀现象则必须进行除锈，并应将旧混凝土面浮浆清除、将旧混凝土表面进行凿毛后将表面微粒清除。浇筑时应保证后浇带内混凝土浇筑面稍高于两侧混凝土面，后浇带内混凝土应采用无收缩或微膨胀混凝土，其强度等级应高于两侧混凝土一个等级，混凝土膨胀率应控制在 0.035％～0.045％范围内，膨胀剂掺加率应为 10％～12％，不宜超过15％，其他外掺剂用量也应通过试验确定。掺加外加剂的混凝土应严格计量各种原材料，拌合过程中应充分搅拌以确保拌合均匀而具有良好的工作性能，混凝土运输过程中应严格防止漏浆、分层和离析，混凝土应随拌随用。后浇带部位混凝土浇筑应自上而下逐层进行，应确保浇筑后的混凝土无蜂窝、孔洞、漏筋、缝隙及夹渣等质量问题，待浇筑后的混凝土初凝后应在 12h 内进行覆盖养护，养护时间不得少于 14d，养护期间应保持混凝土湿润。

（5）钢筋处理

施工所用钢筋应经过严格审查，合格后方可使用，施工中钢筋接头位置和数量应满足设计和规范要求，并保证同一构件内同一受力面内钢筋接头数量不超过一个。由于后浇带内钢筋数量众多，因而施工中应制作专用钢筋支架以保证对后浇带内钢筋逐一固定，并应绑扎牢固，后浇带底部钢筋应采用塑料垫块以控制保护层厚度，接槎部位模板应结合钢筋位置逐一进行切槽处理以保证钢筋位置正确、牢固地嵌入槽内。后浇带内梁和板的受力钢筋应先将其断开后再进行搭接，由于施工中梁体部位钢筋搭接、焊接处理难度较大，而焊接质量不能保证则会导致结构的安全隐患，因而遇到需截断梁体钢筋数量较多时，若存在没有断开的钢筋则会妨碍混凝土收缩，因此可将梁顶部钢筋在搭接后再次进行补焊，而梁底部钢筋则可不断开以利于加大配筋规格，该种措施不仅可减少因不全部断开梁体钢筋而导致对混凝土的收缩，并可避免全部断开梁钢筋而导致施工过程中处理钢筋的难题。

（6）垂直施工缝的处理

若施工中垂直施工缝采用快易收口网，则可在混凝土初凝后用高压水将模板表面冲洗干净，而避免将模板拆除。若施工缝采用钢丝网模板则待混凝土初凝后用高压水冲洗，将表面浮浆等冲洗，直至露出内部骨料，同时应将钢丝网片冲洗干净，待混凝土终凝后可将钢丝网拆除并立即用高压水再次冲洗施工缝表面。若施工缝采用木模板则可结合现场实际和规范要求待混凝土浇筑后尽早拆除模板，并及时用人工凿毛或用高压水冲洗表面。若施工缝部位混凝土存在较严重的蜂窝或孔洞现象则应及时进行修补，若混凝土表面已硬化则应用人工凿毛或用凿毛机进行处理。

（7）后浇带结构类型

对建筑存在高低差时则应在高低连接部位设置后浇带，并应采用高低缝的形式，该种类型后浇带模板支护和拆除均较容易，并增长其抗渗路线，同时易保证截面间的结合质量。后浇带内配筋率和后浇带宽度应能保证基础和上部结构能承担高层主体一部分沉降后，该部位第二次差异沉降面产生的内力和温度变形所产生的内力，应结合计算的差异沉降量和最大温差在配筋上给予补强。

4. 处理办法

（1）剔除松散石子并剔凿平整，特别是钢板止水带处的松散层，露出坚实层，充分浇水浸润；然后在接口处喷刷一层水泥浆，再浇筑比旧混凝土高一级的混凝土。

（2）在后浇带处预留截面为 350mm×350mm，深度比基础底标高低 250mm 的小积水坑，以便用潜水泵及时把积水及泥浆抽出。绑扎钢筋时要预留人工清理孔的位置，便于杂物及时清理。

第五章　脚手架工程质量问题及预防处理措施

（一）脚手架搭设方案

1. 现象

（1）审批手续不全或没有，缺少编制人、审核人、审批人签字。

（2）脚手架搭设方案与实际搭设不符。

（3）随意变更脚手架搭设方案，当需要变更脚手架方案时，施工人员不办理变更手续。

2. 防治措施

（1）脚手架搭设方案的编制，按照有关规范的主要内容缺一不可，编制人、审核人和审批人签字，主管部门批准盖章。

（2）编制前，应对施工现场进行勘探，了解地形、地貌、工程位置等，编制时还要针对总平面布置图和工程实际形状。

（3）当需要变更时必须填写变更表，由原设计人进行设计，经审批后执行，同时补充变更原来相关的图纸资料，附于变更表后。

（二）脚手架安全管理

1. 现象

（1）脚手架搭设之前不做安全技术交底，技术交底无针对性，不详细，无书面记录，技术交底双方不签字，作业人员不了解职责，不懂安全技术规程。

（2）脚手架搭设完成后，不进行检查验收，各项数据无量化记录，无验收责任人签字，不合格的未整改或已整改但没复查。

2. 防治措施

（1）制定交底制度，编制交底内容（安全技术措施、操作规程、人员分工、职责注意事项等），交底可以是口头、书面交底，但必须有交底且交底双方签字。

（2）脚手架搭设完成经验收合格后方可使用，验收记录各项数据必须量化，验收责任人必须签字，对于验收不合格的必须予以整改，待复查合格后方可使用。

（三）立杆基础

1. 现象

（1）基础未夯实找平，未设置底座，底座下未设置垫板，少排水措施。

（2）扫地杆设置高度不合理，连续长度范围内设置不齐全。

2. 防治措施

（1）脚手架立杆基础应符合方案要求。

1）搭设高度在 24m 以下时，可素土夯实找平，上面铺 50mm 厚木垫板（木垫板长度不少于两跨，厚度不小于 50mm，宽度不小于 200mm）。

2）搭设高度在 25m 至 50m 时，应根据现场地耐力情况设计基础作法或采用回填土分层夯实达到要求时，可用枕木支垫，或在地基上加铺 20cm 厚道碴，其上铺设混凝土板，再仰铺 12-16♯槽钢。

3）搭设高度超过 50m 时，应进行计算并根据地耐力设计基础作法或于地面 1m 深处采用灰土地基或浇注 50cm 厚混凝土基础，其上采用枕木支垫。

4）立杆基础也可以采用底座，搭设时将木垫板铺平放好底座，再将立杆放入底座内，其底座型式如下：

① 金属底座可由 Φ60mm，长 150mm 套管和 150mm×150mm×8mm 钢板焊制而成，如图 5-4 所示。

② 钢筋水泥底座，由钢筋 Φ6mm8 根两层 200♯混凝土浇注而成，规格 200mm×200mm×100mm，插孔 Φ60mm，深 30mm。

（2）立杆应设置纵横向的扫地杆，并用直角扣件固定在距底座下皮 200mm 的立杆上。

（3）立杆基础应有排水措施。一般采取两种方法，一种是在地基平整过程中，有意从建筑物根部向外放点坡，一般取 5 度，便于水流出；另一种是在距建筑物根部外 2.5m 处挖排水沟排水，如图 5-2 所示。

图 5-1　未设置扫地杆

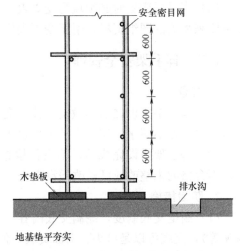

图 5-2　双排脚手架搭设示意图

（四）架体与建筑结构拉结（连墙件）

1. 现象

（1）连墙件设置比较随意，并未按照施工方案中确定的做法去做。

（2）脚手架搭设高度在 24m 以下时采用的柔性拉结不合要求，在 24m 以上时，刚性连接形式多样不规范。

（3）搭设脚手架时，往往连墙杆件较滞后搭设，拆除脚手架时，连墙杆件较先拆除，脚手架使用期间，还存在擅自拆除连墙件的现象。

2. 防治措施

（1）连墙杆位置应在方案中确定，并绘制做法详图，不得在作业中随意设置。

（2）脚手架搭设高度在 24m 以下采用柔性拉结应同时增加支顶措施，在 24m 以上时不准采用柔性连接，必须刚性连接。

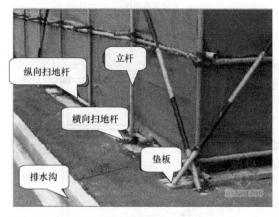

图 5-3　脚手架搭设实例

图 5-4　脚手架金属底座

（3）在搭设脚手架时，连墙杆应与其他杆件同步搭设，在拆除脚手架时，应在其他杆件拆到连墙杆高度时，最后拆除连墙杆，严禁在使用期间拆除连墙杆件。

（4）连墙件设置要点：

a. 应靠近主节点设置，偏离主节点的距离不应大于 300mm；

b. 应从底层第一步纵向水平杆处开始设置，当该处设置有困难时，应采用其他可靠措施固定；

c. 应优先采用菱形布置，或采用方形、矩形布置；

d. 开口型脚手架的两端必须设置连墙件，连墙件的垂直间距不应大于建筑物的层高，并不应大于 4m；

e. 连墙件中的连墙杆应呈水平设置，当不能水平设置时，应向脚手架一端下斜连接；

f. 连墙件必须采用可承受拉力和压力的构造；对高度 24m 以上的双排脚手架，应采用刚性连墙件与建筑物连接，如图 5-6～图 5-8 所示；

图 5-5　柔性连墙件做法

图 5-6　刚性连接做法（一）

g. 当脚手架下部暂不能设连墙件时应采取防倾覆措施；当搭设抛撑时，抛撑应采用通长杆件，并用旋转扣件固定在脚手架上，与地面的倾角应在45°～60°之间；连接点中心至主节点的距离不应大于300mm；抛撑应在连墙件搭设后方可拆除。

图5-7　刚性连接做法（二）

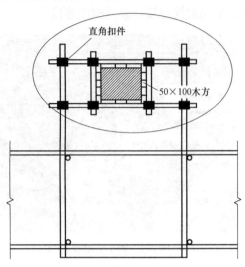

图5-8　刚性连接做法（三）

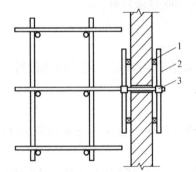

图5-9　刚性连接做法（四）

1—垫木；2—短钢管；3—直角扣件

（五）剪刀撑

1. 现象

（1）剪刀撑设置角度偏大，搭接接长偏短，搭接扣件数目不够，剪刀撑斜杆连接不合要求。

（2）剪刀撑设置较随意，未连续设置，底部斜杆的下端不到底。

2. 防治措施

（1）每组剪刀撑跨越立杆根数为5～7根（>6m），斜杆与地面夹角在45°～60°之间，搭接长度不应小于1m，设置2个以上旋转扣件与立杆或伸出的小横杆连接。

（2）剪刀撑应根据方案规定设置，不得在施工中随意设置，在外侧立面沿长度和高度连续设置，底部斜杆的下端应置于垫板上。

（3）双排脚手架应设剪刀撑与横向斜撑，单排脚手架应设剪刀撑。

（4）剪刀撑的设置应符合下列规定：

1）每道剪刀撑跨越立杆的根数宜按规定确定。每道剪刀撑宽度不应小于4跨，且不应小于6m，斜杆与地面的倾角宜在45°～60°之间。

2）高度在24m及以上的双排脚手架应在外侧立面连续设置剪刀撑。

3）高度在24m以下的单、双排脚手架，均必须在外侧立面两端、转角及中间间隔不超过15m的立面上，各设置一道剪刀撑，并应由底至顶连续设置。

（5）横向斜撑的设置应符合下列规定：

1）横向斜撑应在同一节间，由底至顶层呈之字形连续布置。

2）一字形、开口形双排脚手架的两端均必须设置横向斜撑。

3）高度在24m以下的封闭型双排脚手架可不设横向斜撑，高度在24m以上的封闭型脚手架，除拐角应设置横向斜撑外，中间应每隔6跨设置一道。

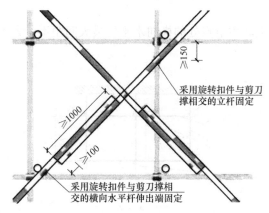

图 5-10 剪刀撑搭接做法示意图

图 5-11 剪刀撑底部

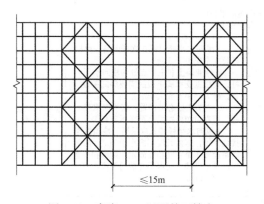

图 5-12 高度 24m 以下剪刀撑布

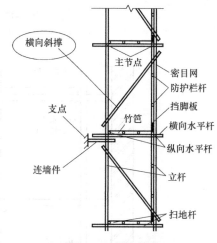

图 5-13 横向斜撑

（六）水平杆

1. 现象

（1）纵向水平杆设置位置、接长位置及固定方式不符合要求。

（2）纵向水平杆搭设高低不平。

（3）横向水平搭设间距过大。

2. 防治措施

（1）每侧纵向水平杆始端，高度方向用长短钢管交错布置，水平方向用长钢管接长，对接扣件连接。末端宜搭接，搭接长度不应小于1m，应等间距

图 5-14 横向斜撑实例

设置 3 个旋转扣件固定。

（2）纵向水平杆搭设前，用水准仪超平，每隔 20～30m 立杆上划线；安装纵向水平杆时拉线找平，并每隔 4～5 跨用水平尺校核同跨内两根纵向水平杆的高差；立杆升高，在原划线处按步距往上传递标线，每升高两节立杆，应用水准仪校核一次立杆上标线的传递误差。

（3）主节点处设置横向水平杆，作业层上非主节点处的横向水平杆最大间距不应大于纵距的 1/2。

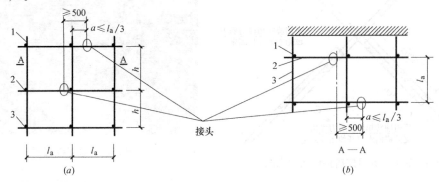

图 5-15　纵向水平杆接头位置
（a）接头不在同步内（立面）；（b）接头不在同跨内（平面）

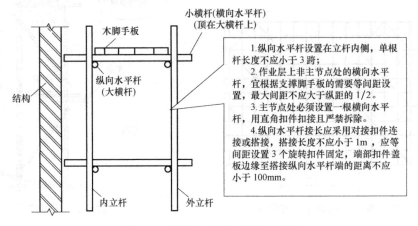

图 5-16　纵横向水平杆搭设示意图

（七）立杆

1. 现象

（1）立杆接长位置及固定方式不符合要求。

（2）立杆垂直度偏差较大。

2. 防治措施

（1）立杆接长位置

1）步距 1.5m 立杆接头布置第一节立杆选用 6m、4.5m、3m 三种长度的钢管，从始端往末端依次排列，重复组合，上部均用 6m 钢管接长，对接扣件连接。

2）步距 1.8m 立杆接头布置选用 5.4m 钢管（为主）搭设。第一节立杆选用 5.4m、

3.6m、1.8m 三种长度的钢管，从始端往末端依次排列，重复组合，上部用 5.4m 钢管接长，对接扣件联结。

3）其他步距立杆接头布置常用立杆步距 h 为 1.2～1.35m、1.5m、1.8m、2m 等。除底部第一节立杆外，接长钢管宜选用钢管长度能被立杆步距整除的钢管。h＝1.2 及 2m，接长钢管宜选用 6m；h＝1.35m，接长钢管宜选用 5.4m。如第一节立杆接头位置符合脚手架规范要求，上部接长钢管的接头位置一定符合要求。

（2）立杆接长固定方式

1）单排、双排立杆接长除顶层顶步外，其余各层各步接头必须采用对接扣件连接；顶层顶部立杆宜搭接，封顶找齐。

2）脚手架立杆的对接、搭接应符合下列规定：当立杆采用对接接长时，立杆的对接扣件应交错布置，两根相邻立杆的接头不应设置在同步内，同步内隔一根立杆的两个相邻接头在高度方向错开的距离不宜小于 500mm；各接头中心至主节点的距离不宜大于步距的 1/3；当立杆采用搭接接长时，搭接长度不应小于 1m，并采用不少于 2 个旋转扣件固定，端部扣件盖板的边缘至杆端距离不应小于 100mm，如图 5-17 所示。

图 5-17 脚手架搭设实例

3）脚手架立杆顶端栏杆宜高出女儿墙上端 1m，宜高出檐口上端 1.5m。

（3）立杆垂直度偏差防治措施

1）建立健全自检、交接检和专职安全员检查的三检制度。

2）脚手架每搭设完 10～13m 高度和达到设计标高后，项目部组织验收，合格后方准使用。

3）改进立杆横向垂直度检查办法。立杆垂直度有纵、横两个方向，纵向垂直度用经

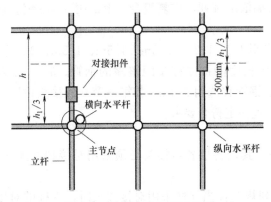

图 5-18　立杆接头位置示意图

纬仪或吊线方法检查比较方便；横向垂直度在脚手架转角处可用常规办法检查；每竖一根立杆及用连墙件固定立杆时，用卷尺或样尺测量立杆与墙面的距离，从下往上始终保持一致，以墙体的垂直度保证架体的横向垂直度。

（八）架体内封闭防护

1. 现象

（1）脚手架的外侧未及时用密目式安全网防护或密目式安全网挂设松弛，接缝不严密，作业层上脚手板未满铺，脚手架外侧少防护栏杆和挡脚板。

（2）脚手架与建筑物之间的马槽部位缺少防护。

（3）脚手架的搭设通常低于建筑物的高度。

2. 防治措施

（1）脚手架外侧按规定设置密目安全网，安全网设置在外排立杆的里面，用合乎要求的系绳将网周边每隔 45cm（每个环扣间隔）系牢在钢管上，作业层脚手板应满铺，同时应在脚手架外侧大横杆与脚手板之间按临边防护的要求设置防护栏杆和挡脚板。

（2）脚手架与建筑物之间马槽部位应从作业层起往下每层封死。

（3）脚手架应随施工进度搭设且应超过作业层一步架或高出作业层 1.5m。

图 5-19　架体封闭防护实例（一）

安全网设置在外排立杆的里面，安全网挂设拉紧，接缝搭接严密。

作业层脚手板应满铺，同时设置防护栏杆和挡脚板。

安全平网

挡脚板

脚手架与建筑物之间马槽采用安全平网封死。

脚手板

图 5-20　架体封闭防护实例（二）

（九）型钢悬挑脚手架（扣件式）

1. 现象

（1）型钢悬挑梁、锚固螺栓、钢丝绳等材料选择及型号不符合要求。

（2）型钢悬挑长度与锚固长度不满足要求。

2. 防治措施

（1）悬挑钢梁根据具体构造形式编制对应方案。

（2）材料选用必须符合方案及规范要求。

（3）根据设计悬挑长度确定钢梁总长度，地方无具体要求时，需满足规范要求，锚固段长度是悬挑段长度的 1.25 倍，如图 5-21 所示。

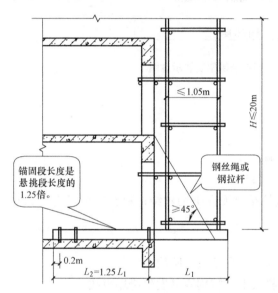

（1）型钢悬挑梁宜采用双轴对称截面的型钢，悬挑钢梁型号及锚固件应按设计确定，钢梁截面高度不应小于 160mm。

（2）悬挑梁尾端应在两处及以上固定于钢筋混凝土梁板结构上。锚固型钢悬挑梁的 U 形钢筋拉环或锚固螺栓直径不宜小于 16mm。

（3）用于锚固的 U 形钢筋拉环或螺栓应采用冷弯成型，U 形钢筋拉环、锚固螺栓与型钢间隙应用钢楔或硬木楔楔紧。

（4）型钢悬挑梁固定端应采用 2 个（对）及以上 U 形钢筋拉环或锚固螺栓与建筑结构梁板固定，U 形钢筋拉环或锚固螺栓应预埋至混凝土梁、板底层钢筋位置，并应与混凝土梁、板底层钢筋焊接或绑扎牢固。

锚固段长度是悬挑段长度的 1.25 倍。

钢丝绳或钢拉杆

≤1.05m

$H \leqslant 20m$

≥45°

0.2m

$L_2 = 1.25 L_1$　L_1

图 5-21　扣件型钢悬挑架搭设示意图

（1）当型钢悬挑梁与建筑结构采用螺栓钢压板连接固定时，钢压板尺寸不应小于 100mm×10mm（宽×厚）；

（2）当采用螺栓角钢压板连接时，角钢规格不应小于 63mm×63mm×6mm。

图 5-22　型钢悬挑梁与建筑结构连接

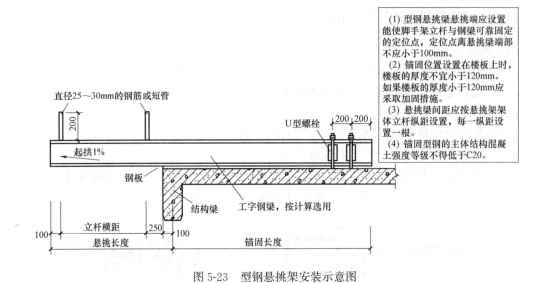

（1）型钢悬挑梁悬挑端应设置能使脚手架立杆与钢梁可靠固定的定位点，定位点离悬挑梁端部不应小于100mm。

（2）锚固位置设置在楼板上时，楼板的厚度不宜小于120mm。如果楼板的厚度小于120mm应采取加固措施。

（3）悬挑梁间距应按悬挑架架体立杆纵距设置，每一纵距设置一根。

（4）锚固型钢的主体结构混凝土强度等级不得低于C20。

图 5-23　型钢悬挑架安装示意图

（十）卸料平台

1. 现象

（1）主梁采用拼接，且无焊缝检测报告。

（2）料台侧面未封闭，容易坠人、坠物。

（3）料台每侧只采用一根钢丝绳拉结，无保护钢丝绳；料台每侧虽有二根钢丝绳拉结，但只有一根受力。

（4）卸料平台前面敞口无防护。

（5）平台与楼层间空隙封闭不严密，容易坠人、坠物。

（6）卸料平台直接搁置在阳台上栏板上，特别容易发生垮塌事故。

（7）卸料平台主梁随意开孔，钢丝绳穿孔无防割绳措施，钢丝绳绳卡正反固定。

（8）料台钢丝绳直接拉结在外脚手架、模板支架存在重大安全隐患。

图 5-24　错误做法——主梁采用拼接

图 5-25　错误做法——卸料平台未封闭

2. 防治措施

（1）主梁应严格按方案计算时的材质、规格选用，严禁拼接。

（2）侧面应全部封闭确保倒运材料及人员不会从侧面滑落。

（3）侧面钢丝绳应严格按方案计算规格数量设置，每侧至少2根且紧固一致，使其受力均匀。

（4）卸料平台前面应设置"凹"形防护，"凹"形下凹部位用于倒运较长物料。

图 5-26　错误做法——拉结钢丝绳松弛

图 5-27　错误做法——卸料平台敞口无防护

图 5-28　错误做法——卸料平台隙封闭不严密

图 5-29　错误做法——卸料平台直接置于栏板上

图 5-30　错误做法——钢丝绳穿孔无防割绳措施

图 5-31　错误做法——料台钢丝绳拉结在模板支架上

（5）平台与楼层间空隙应封闭严密，确保倒运材料及人员不会掉落。

（6）卸料平台应搁置在可以承受其荷载的构件上，如无法避开悬挑构件，则应进行相应的验算，满足要求后方可设置。

（7）卸料平台主梁尽量不要开孔，绳卡数量应按绳径大小选用，一般不应少于 3 个，绳卡紧固应将鞍座（拧螺丝的一侧）放在承受拉力的长绳一边，不得一倒一正排列。

（8）料台钢丝绳应固定在建筑物结构预埋件上，预埋拉环应采用 Q235 号钢。

（十一）扣件式满堂支撑架

1. 现象

（1）满堂支撑架横杆步距及立杆间距过大，自由端过长，如图 5-32 所示。

（2）可调托撑伸出立杆长度过长或伸入立杆内长度过短。

（3）剪刀撑设置角度偏大，搭接接长偏短，搭接扣件数目不够，剪刀撑斜杆连接不合要求。

（4）剪刀撑设置较随意，未连续设置，底部斜杆的下端不到底。

图 5-32　立杆自由端过长

图 5-33　剪刀撑搭设实例

2. 防治措施

（1）根据各工程具体情况，满足设计及规范要求前提下，通过验算，合理设计立杆间距、横杆步距。但立杆间距不宜大于 1200mm×1200mm，横杆步距不宜大于 1800mm。

（2）自由端长度不应超过 0.5m，满堂支撑架的可调底座、可调托撑螺杆伸出长度不宜超过 300mm，插入立杆内的长度不得小于 150mm；

（3）架体高宽比必须满足规范要求。

（4）根据各工程具体情况，满足设计及规范要求前提下，通过验算，合理设计水平剪刀撑竖向间距及竖向剪刀撑跨度。

（5）满堂支撑架应根据架体的类型设置剪刀撑，并应符合下列规定：

1）普通型：

a. 在架体外侧周边及内部纵、横向每 5m～8m，应由底至顶设置连续竖向剪刀撑，剪刀撑宽度应为 5m～8m，如图 5-33 所示；

b. 在竖向剪刀撑顶部交点平面应设置连续水平剪刀撑。当支撑高度超过 8m，或施工

总荷载大于 $15kN/m^2$，或集中线荷载大于 $20kN/m$ 的支撑架，扫地杆的设置层应设置水平剪刀撑。水平剪刀撑至架体底平面距离与水平剪刀撑间距不宜超过 8m，如图 5-35 所示。

2）加强型：

a. 当立杆纵、横间距为 $0.9m×0.9m～1.2m×1.2m$ 时，在架体外侧周边及内部纵、横向每 4 跨（且不大于 5m），应由底至顶设置连续竖向剪刀撑，剪刀撑宽度应为 4 跨；

b. 当立杆纵、横间距为 $0.6m×0.6m～0.9m×0.9m$（含 $0.6m×0.6m$，$0.9m×0.9m$）时，在架体外侧周边及内部纵、横向每 5 跨（且不小于 3m），应由底至顶设置连续竖向剪刀撑，剪刀撑宽度应为 5 跨；

c. 当立杆纵、横间距为 $0.4m×0.4m～0.6m×0.6m$（含 $0.4m×0.4m$）时，在架体外侧周边及内部纵、横向每 3m～3.2m 应由底至顶设置连续竖向剪刀撑，剪刀撑宽度应为 3m～3.2m；

d. 在竖向剪刀撑顶部交点平面应设置水平剪刀撑。扫地杆的设置层应设置水平剪刀撑，水平剪刀撑至架体底平面距离与水平剪刀撑间距不宜超过 6m，剪刀撑宽度应为 3m～5m。

（6）竖向剪刀撑斜杆与地面的倾角应为 45°～60°，水平剪刀撑与支架纵（或横）向夹角应为 45°～60°。

图 5-34　竖向剪刀撑实例

图 5-35　水平剪刀撑实例

图 5-36　错误做法——立杆接长采用搭接

图 5-37　错误做法——立杆接头在同步同跨内

应根据所承受的荷载选择立杆的间距和步距，底层纵、横向水平杆作为扫地杆，距地面高度应小于或等于400mm。

立杆间距应通过设计计算确定，当立杆采用Q235级材质钢管时，立杆间距不应大于1.5m；当立杆采用Q345级材质钢管时，立杆间距不应大于1.8m。立杆间距通长取0.9～1.2m。

间距0.9m～1.2m　间距0.9m～1.2m

图 5-38　扣件式满堂支撑架示意图

（十二）碗扣式满堂支撑架

1. 现象

（1）满堂支撑架横杆步距及立杆间距过大，自由端过长；

（2）剪刀撑设置较随意，未连续设置，底部斜杆的下端不到底；

（3）架体高宽比不符合要求。

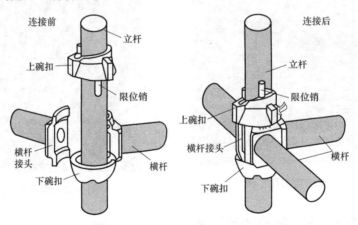

图 5-39　碗扣架连接示意图

2. 防治措施

（1）根据各工程具体情况，满足设计及规范要求前提下，通过验算，以立杆碗扣节点间距 0.6m（或 0.5m）模数设置，合理设计立杆间距、横杆步距，自由端长度不得大于 0.65m，如图 5-41 所示；

（2）按照规范要求合理设置剪刀撑位置、水平剪刀撑竖向间距及竖向剪刀撑跨度，剪刀撑的斜杆与地面夹角应控制在 45°～60°之间，每步必须与立杆扣接；

（3）架体高宽比不宜大于 3；当大于 3 时，应采取下列加强措施：

1）将架体超出顶部加载区投影范围向外延伸布置 2 跨～3 跨，将下部架体尺寸扩大；

2）将架体与既有建筑结构进行可靠连接；

3）当无建筑结构进行可靠连接时，宜在架体上对称设置缆风绳或采取其他防倾覆的措施。

图 5-40　碗扣架连接实例

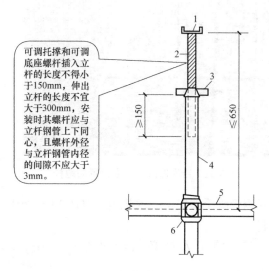

可调托撑和可调底座螺杆插入立杆的长度不得小于150mm，伸出立杆的长度不宜大于300mm，安装时其螺杆应与立杆钢管上下同心，且螺杆外径与立杆钢管内径的间隙不应大于3mm。

$\geqslant 150$　　$\leqslant 650$

图 5-41　可调托撑安装示意图

1—托座；2—螺杆；3—调节螺母；4—立杆；5—顶层水平杆；6—碗扣节点

（十三）常见搭设细节问题与预防措施

1. 现象

（1）临边防护缺少中间防护水平杆。

脚手板探头处缝隙过大

图 5-42　错误做法——脚手板探头处缝隙过大

未设置防护栏杆

未设置挡脚板

作业层脚手板未满铺

图 5-43　错误做法——作业层脚手板为满铺、无挡脚板和防护栏杆

图 5-44 错误做法——未设置扫地杆

（2）走道临边无防护栏。

（3）钢管与地面接触点无垫板。

（4）作业层脚手板未按规定满铺，脚手板使用材料不符合要求。

（5）水平杆没有设在立杆内侧。

（6）脚手架没有扫地杆、垫板。

（7）立杆悬空。

（8）脚手架中堆放过重物体。

（9）高空未戴安全带。

2. 预防措施

（1）使用前，应根据工程结构特点、施工环境、条件及施工要求编制"脚手架专项施工组织设计"，并根据《建筑施工扣件式钢管脚手架安全技术规范》JGJ 130—2011 有关要求办理使用手续，备齐相关文件资料。

（2）施工人员必须经过专项培训。

（3）组装前，应根据专项施工组织设计要求，配备合格人员，明确岗位职责，并对有关施工人员进行安全技术交底。

（4）纵向水平杆的对接扣件应交错布置：两根相邻纵向水平杆的接头不宜设置在同步或同跨内；不同步或不同跨两个相邻接头在水平方向错开的距离不应小于 500mm；各接头中心至最近主节点的距离不宜大于纵距的 1/3。

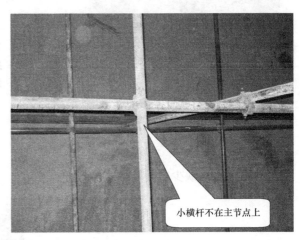

图 5-45 错误做法——小横杆不在主节点上

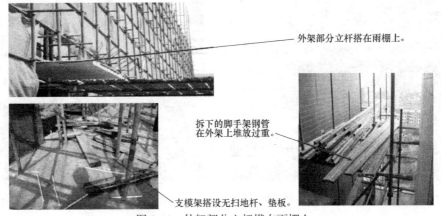

图 5-46 外架部分立杆搭在雨棚上

图 5-47　剪刀撑斜杆应与立杆和伸出的小横杆连接，底部斜杆的下端置于垫板上

图 5-48　空中作业没有戴安全带

图 5-49　不在同步同跨内的两
个接头未错开 500mm

　　（5）搭接长度不应小于 1m，应等间距设置 3 个旋转扣件固定，端部扣件盖板边缘至搭接纵向水平杆杆端的距离不应小于 100mm，如图 5-51、图 5-52 所示。

　　（6）当使用木脚手板、竹串片脚手板时，纵向水平杆应作为横向水平杆的支座，用直角扣件固定在立杆上；当使用竹笆脚手板时，纵向水平杆应采用直角扣件固定在横向水平杆上，并应等间距设置，间距不应大于 400mm，如图 5-53 所示。

　　（7）横向水平杆的构造应符合下列规定：

　　1）主节点处必须设置一根横向水平杆，用直角扣件扣接且严禁拆除。

　　2）作业层上非主节点处的横向水平杆，宜根据支承脚手板的需要等间距设置，最大间距不应大于纵距的 1/2。

　　（8）脚手板的设置应符合下列规定：

　　1）作业层脚手板应铺满、铺稳，离开墙面 120～150mm。

　　2）冲压钢脚手板、木脚手板、竹串片脚手板等，应设置在三根横向水平杆上。当脚手板长度小于 2m 时，可采用两根横向水平杆支承。

　　3）此三种脚手板的铺设可采用对接平铺，亦可采用搭接铺设。

4）竹笆脚手板应按其主竹筋垂直于纵向水平杆方向铺设，且采用对接平铺，四个角应用直径 12mm 的镀锌钢丝固定在纵向水平杆上。

5）作业层端部脚手板探头长度应取 150mm。

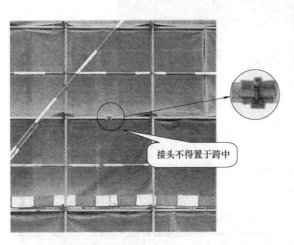

图 5-50　错误做法——接头置于跨中

图 5-51　搭接长度满足要求

图 5-52　杆件搭接标准做法

（9）立杆

每根立杆底部应设置底座或垫板。脚手架基础必须平整坚实，有排水措施，满足架体支搭要求，确保不沉陷，不积水。

其架体必须支搭在底座（托）或通长脚手板上，如图 5-55 所示。

脚手架必须设置纵、横向扫地杆。纵向扫地杆应采用直角扣件固定在距底座上皮不大于 200mm 处的立杆上。横向扫地杆亦应采用直角扣件固定在紧靠纵向扫地杆下方的立杆上。当立杆基础不在同一高度上时，必须将高处的纵向扫地杆向低处延长两跨与立杆固定，高低差不应大于 1m。靠边坡上方的立杆轴线到边坡的距离不应小于 500mm，如图5-56所示。

（10）连墙件的布置应符合下列规定：

1）宜靠近主节点设置，偏离主节点的距离不应大于 300mm。

2）应从底层第一步纵向水平杆处开始设置，当该处设置有困难时，应采用其他可靠措施固定。

图 5-53　横向水平杆固定在纵向水平杆上

3）对高度 24m 以上的双排脚手架，必须采用刚性连墙件与建筑物可靠连接。

4）连墙件必须采用可承受拉力和压力的构造。

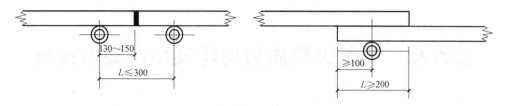

图 5-54　脚手板对接、搭接构造

图 5-55　立杆图

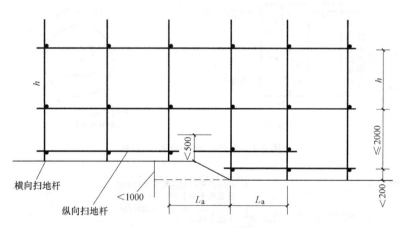

图 5-56　扫地杆示意图

5）脚手架必须与建筑物做好可靠拉结。一般情况下，拉结点水平距离不大于 6.00m，垂直距离不大于 4.00m。高度超过 24m 的脚手架不得使用柔性材料进行拉结。

3. 治理办法

按预防措施和安全规范重新搭设。

第六章 测量工程质量问题及预防处理措施

(一) 场区平面控制网选择不当、精度不够

1. 现象

场区控制网制定不便于施工测量，布网不当，无法进行闭合校核。

2. 原因分析

(1) 平面控制网的制定及施工方案中未充分考虑建筑物的特性，如设计定位条件，建筑物的形状和布局，主轴线尺寸的关系，未根据现场实际情况等进行全面综合考虑。

(2) 平面控制网制定未考虑闭合图形，施测时无法校核其准确性。

(3) 平面控制线之间距离太短，影响精度要求，控制点之间有障碍物，不通视。

(4) 制定标高控制网时，未根据已知标高点的准点（导线点）位置，综合考虑建筑物的布局特点。

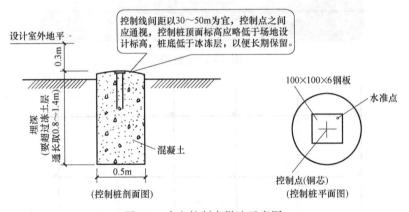

图 6-1 永久控制点做法示意图

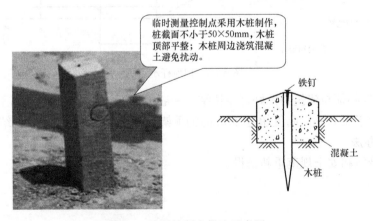

图 6-2 临时控制点做法示意图

3. 防治措施

（1）控制网中应包括作为场地定位依据的起始点和起始边，建筑物的对称轴和主要轴线，主要的圆心点（或其他几何中心点）和直径方向（或切线方向），主要弧线长、弦和矢高的方向，电梯井的主要轴线和施工的分段轴线等。

（2）控制网要在便于施测、使用（平面定位及高层竖直测设）和长期保留的原则下，尽量组成四周平行于建筑物的闭合图形，以便闭合校核。

（3）控制线间距以 30～50m 为宜，控制点之间应通视，易测量；控制桩的顶面标高应略低于场地的设计标高，桩底应低于冰冻层，以便长期保留。

（4）高层建筑物附近至少要设置 3 个栋号水准点或±0.000 水平线，一般建筑物要设置 2 个栋号水准点或±0.000 水平线。

（5）整个场地内，东西或南北每相距 100m 左右要有水准点，并构成闭合图形，以便闭合校核。

（6）各水准点点位要设在基坑开挖和地面受开挖影响而下沉的范围之外，水准点桩顶标高应略高于场地设计标高，桩底应低于冰冻层，以便长期保留。通常也可在平面控制网的桩顶钢板上，焊上一个小半球作为水准点。

（二）轴线法定位点选择不正确

1. 现象

平面控制网选择主轴线进行测量放线，根据定位点测量轴线时，校核工作无法开展。

2. 原因分析

（1）由于建筑物外形的原因，使得平面控制网不便于组成闭合网形。

（2）主轴线选择不当，不便于或未进行测设校核。

3. 防治措施

对于不便于组成闭合网形的场地，投测点宜测设成"一"、"L"、"十"和"サ"形主轴线，或平行于建筑物的折线形的主轴线，但在测设中，要有严格的测设校核。首先应保证控制桩在平面中通视；其次，在平面中选择适当的配合校正点，还要确保定位点的位置，以便于加密和扩展。

（三）建筑高程误差偏大

1. 现象

水准测量时，产生的系统误差和偶然误差超出了容许误差范围。

2. 原因分析

（1）仪器和标尺有缺陷或未校正，产生误差。

（2）仪器架设位置与前后视点距离差偏大，产生偏差。

（3）水准仪视线未整平，视平线不平行于水准面。

（4）水准仪照准时，"十"字丝线未正对水准尺中线。

（5）水准仪照准时，焦距未调好，视差未消除。

3. 预防措施

（1）测量仪器和工具应定期送有资质的检验单位检验和校正，消除系统误差。

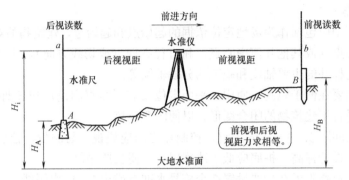

图 6-3　高程测量示意图

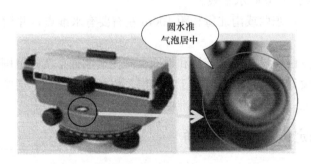

图 6-4　水准仪初平

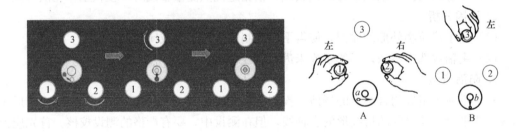

圆水准气泡居中方法：对向转动脚螺旋1、2—使气泡移至1、2方向的中间—转动脚螺旋3，使气泡居中。
（规律：气泡移动方向与左手大拇指运动的方向一致）

图 6-5　圆水准气泡居中方法

（2）架设仪器时，力求前后视距相等，消除因视准轴与水准管轴不平行而引起的误差。

（3）水准仪照准时，用微动螺旋使十字丝纵线正对水准尺中线，持尺者要使尺身垂直。

（4）望远镜精确调平时，确保水准气泡居中，照准后眼睛在目镜后上下移动观测，调整调焦螺旋，直到十字丝交点在目标中上下不显动，消除视差。

4. 治理方法

沿闭合水准路线作水准测量，闭合差在容许误差范围内，可以平差，否则应重测。

（1）水准测量的限差：Ⅱ、Ⅲ、Ⅳ等水准测量均应进行往返观测，或单程双线观测，其测量结果限差应符合规范规定。

（2）水准测量容许误差平差：平差的方法是将闭合差反号，按水准路线各段的距离或测站总数比例分配。各段的高差改正数 C_i 为：

$$C_i = L_i / \textstyle\sum L \cdot f_n \text{ 或 } C_i = n_i / \textstyle\sum n \cdot fn$$

式中　L_i——某段水准线路长度（m）；

　　$\sum L$——水准线路总长；

　　f_n——实测的闭合差；

　　n_i——某段的测站数；

　　$\sum n$——各段测站数的总和。

（四）竖向结构垂直偏差大

1. 现象

在一般工业与民用建筑中，每楼层垂直偏差或全高垂直度偏差不满足现行规范规定。垂直偏差大。

2. 原因分析

（1）砌体施工时未挂垂直线。

（2）现浇混凝土结构钢筋偏位造成模板无法到位。

（3）现浇混凝土结构梁柱节点及门窗洞口处配筋过密，钢筋安装不规范，造成模板无法到位。

（4）模板安装后未吊线坠或未认真吊线坠找正。

（5）竖向结构模板支撑系统控制机构失灵，一边顶牢而另一边松弛。

（6）竖向控制轴线向上投测过程中产生的积累偏差超过标准。

3. 预防措施

（1）砌体施工时，宜双面挂线控制砌体的垂直平整度。

（2）楼面轴线控制网投测后，应根据定位尺寸校正竖向结构的纵向钢筋，确保根部到位，调整好垂直度偏位的骨架，检查复核后方可绑扎箍筋和水平钢筋。骨架绑扎中应于顶部用钢丝拉紧找正，并挂垂线控制。

（3）对于钢筋配制过密的部位，翻样时要充分考虑，施工中控制施工工艺和安装顺序，确保骨架截面尺寸正确。

（4）现浇混凝土结构模板安装后，应吊线坠校正垂直度，双面用顶撑顶牢；对于外侧墙，对拉螺栓应与纵横格栅连接牢，并和内侧顶撑连接，顶拉控制，使系统在混凝土浇筑过程中便于检查调整。

（5）用经纬仪或吊线坠投测轴线，在建立轴线控制网及向上竖向投测过程中，其投测依据应该是同一原始轴线基准点，以避免误差积累。

4. 治理方法

已施工的竖向结构出现垂直偏差时，首先采用吊线坠法或轴线投测法，复核检查现施工段及基层根部控制点的测量精度，以保证待施工段的垂直度控制。已施工的竖向结构，在能保证结构截面尺寸偏差在规范范围内的，适当凿除修整，用比原混凝土强度等级高两级、同配合比的水泥砂浆修补；如果垂直偏差使得结构截面尺寸偏差超过规范和设计要求，应引起有关部门的高度重视，采取结构补强。

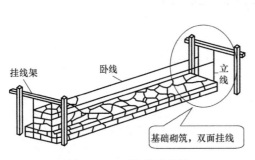

图 6-6　双面挂线示意图

图 6-7　双面挂线实例

图 6-8　吊线坠校正垂直度

轴线向上投测时，要求竖向误差在本层内不超过 5mm，全楼累计误差值不应超过 $2H/10000$（H 为建筑物总高度），且不应大于：30m＜H≤60m时，10mm；60m＜H≤90m时，15mm；90m＜H 时，20mm。

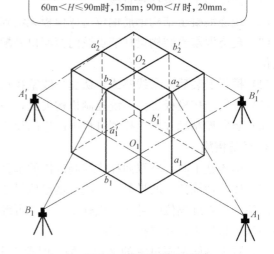

图 6-9　外控法轴线投测

（五）轴线控制点偏差

1. 现象

使用吊线坠法工艺向上传递轴线时，轴线竖向控制出现偏差。

2. 原因分析

（1）线坠制作精度不够，导致控制点与线坠轴线和细钢丝不在同一轴线上，产生引线偏差。

（2）操作不认真，未解除钢丝扭曲打结现象，未设防风吹的设施。

（3）吊线时，未提供照明、通信联络设备，上下操作不认真。

（4）由于楼层较高，预留洞位置交叉偏移，吊线不畅通，轴线控制点引测不准确。

3. 防治措施

（1）线坠呈圆柱形，顶端为锥形，重 1.5～2.0kg，其锥形尖端与钢丝悬吊线应与坠体轴线为同一竖直线。

（2）坠线应使用没有扭曲的 $\phi 0.5$～$\phi 0.8$ 钢丝，吊时线坠应保持稳定不旋转，吊线本身平顺。悬吊时所在楼层设风挡设施，预防风吹造成吊线本身偏斜或不稳定。悬吊时要注意有充足的亮度，保证坠体尖端正指控制点。

（3）在投测中要有专人检查各预留洞位置是否碰触吊线，上下要配合默契，通信畅通，取线左、线右投测的平均位置轴线。控制点悬吊结束后，使用经纬仪或激光铅垂仪进行闭合校核，如误差超出 ±3mm 时，则逐一重新悬吊。

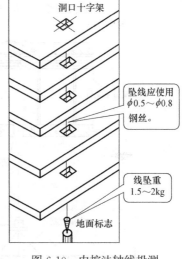

图 6-10　内控法轴线投测

（4）在 ±0.000 首层地面或地下室底板上，制定轴线控制网或以靠近高层建筑结构四周的轴线点为准，逐层向上悬吊引测轴线和控制结构竖向偏差。为保证控制点坠吊精度，楼层每升高 3～5 层（14m 左右）时，重新于结构面上预埋钢板，投测控制点，建立新控制网，新控制网经校核无误，方可投入使用。

（六）激光铅垂仪法投点偏差大

1. 现象

使用激光铅垂仪投测轴线进行竖向控制，精度不能满足要求。

2. 原因分析

（1）首层结构平面上轴线控制点精度不能保证。

（2）仪器未调置好或仪器自身未校核好。

（3）未消除竖轴不垂直于水平轴产生的误差。

图 6-11　铅垂仪

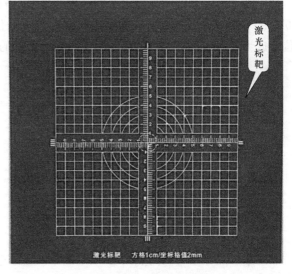

图 6-12　激光标靶

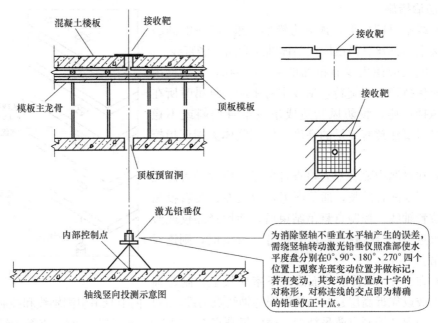

图 6-13 轴线竖向投测

3. 防治措施

（1）首层楼面上的轴线控制网点必须要保证精度，预埋钢板上的投测点要校核无误后刻上"＋"字标识。在浇筑上升的各层混凝土时，必须在相应的位置预留 200mm×200mm 与首层楼面控制点相对应的孔洞，保证能使激光束垂直向上穿过预留孔。

（2）为保证轴线控制点的准确性，在首层控制点上架设激光铅垂仪，调整仪器对中，严格整平后方可启动电源，使激光器启动发射出可见的红色光束。光斑通过结构板面对应的预留孔洞，显示在盖着的玻璃板或白纸上，将仪器水平转一周，若光斑在白板上的轨迹为一闭合环时，调节激光管的校正螺栓，使其轨迹趋于一点为止。

（3）为了消除竖轴不垂直水平轴产生的误差，需绕竖轴转动照准部，让水平度盘分别在 0°、90°、180°、270°四个位置上，观察光斑变动位置，并作标记，若有变动，其变动的位置成十字的对称形，对称连线的交点即为精确的铅垂仪正中点。

（七）沉降与变形水准点布设不正确

1. 现象

水准点布设数量与位置不妥。

2. 原因分析

（1）水准点布设未考虑水准网沿建筑物闭合。

（2）水准点布设未考虑现场的特殊性。

3. 防治措施

（1）水准点数量应不少于 3 个，并组成水准网。

（2）水准点尽量与观测点接近，其距离不应超过 100m，以保证观测的精度。

（3）水准点应布设在受振动区域以外的安全地点，以防止受到振动的影响。

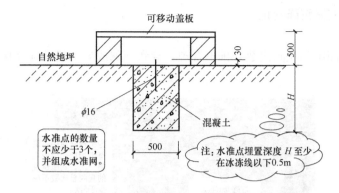

图 6-14 永久性水准点做法示意图

（4）离开公路、铁路、地下管道和滑坡至少 5m，避免埋设在低洼积水处及松软土地带。

（5）为防止水准点受到冻胀的影响，水准点的埋置深度至少要在冰冻线以下 0.5m。

（6）对水准点要定期进行检测，以保证沉降观测成果的正确性。

（八）观测点的形式与埋设不合理

1. 现象

基础及柱沉降观测点制作形式与埋设不合理，观测点稳定性差，观测数据不真实。

2. 原因分析

施工单位未注意沉降观测工作，观测点制作与埋设不认真。

3. 防治措施

（1）观测点制作要求牢固稳定，确保点位安全，能长期保存，其上部必须为突出的半球形状或有明显的突出之处，与柱身或墙身保持一定的距离，要保证在顶上能垂直置尺，并有良好的通视条件。

（2）一般民用建筑沉降观测点，设置在外墙勒脚处。观测点埋在墙内的部分大于露在墙外部分的 5～7 倍，以保证观测点的稳定性。

（3）设备基础观测点的埋设一般可利用铆钉或钢筋来制作，然后将其预埋在混凝土内。如观测点使用期长，应设有保护盖。埋设观测点时应保证露出的部分，不宜过高或太低，高了易被碰斜撞弯；低了不易寻找，以防水准尺置在点上与混凝土面接触，影响观测质量。

（4）柱基础观测点的形式和埋设方法与设备基础相同，但当柱子安装进行二次浇筑后，原设置的观测点将被埋掉，因而必须及时在柱身上设置新观测点，并及时将高程引测到新的观测点上，以保证沉降观测的连贯性。

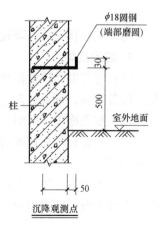

图 6-15 沉降观测点示意图

（九）沉降观测次数和时间不当

1. 现象

沉降观测次数和时间不合理，导致观测成果不能及时准确反映建筑物的实际沉降变化。

2. 原因分析

（1）施工期间沉降观测次数安排不合理，导致观测成果不能准确反映沉降曲线的细部变化。

图 6-16　沉降观测点实例（一）

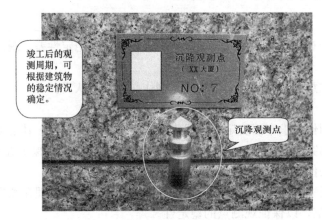

图 6-17　沉降观测点实例（二）

（2）工程移交后沉降观测时间安排不合理，掌握工程沉降情况不准确、不及时。

3. 防治措施

（1）施工期间较大荷重增加前后，如基础浇筑、回填土、安装柱子、结构每完成 i 层、设备安装、设备运转、工业炉砌筑期间、烟囱每增加 15m 左右等，均应进行观测。

（2）如果施工期间中途停工时间较长，应在停工时和复工后分别进行观测。

（3）当基础附近地面荷重突然增加，周围大量积水及暴雨后，或周围大量挖土方等，均应观测。

（4）工程投入生产后，应连续进行观测，可根据沉降量大小和速度确定观测时间的间隔，在开始时间间隔可短一些，以后随着沉降速度的减慢，可逐渐延长，直至沉降稳定为止。

（5）施工期间，建筑物沉降观测的周期，高层建筑每增加 1～2 层应观测一次，其他建筑的观测总次数不应少于 5 次。竣工后的观测周期，可根据建筑物的稳定情况确定。

（十）测量放线其他应注意的细节

1. 建立方格网控制网，占地面积≤10000m² 方格网间距 10m；占地面积≥10000m² 方格网间距 20m，地形复杂的可适当调整，如图 6-18 所示。

2. 主体结构施工在楼层内建立轴线控制网（内控法），控制点不少于 4 个，如图 6-19 所示。

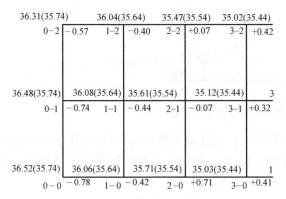

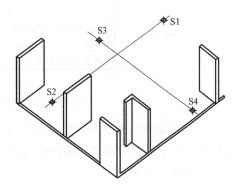

图 6-18　建筑方格控制网　　　　　　　　图 6-19　内控法控制点

3. 所有主控线、轴线交叉位置必须采用红油漆做好标识，如图 6-20～图 6-21 所示。

图 6-20　平面主控线、轴线交叉位置标识

图 6-21　立面主控线位置标识

4. 结构放线采用双线控制，控制线与定位线间距按照 300mm 引测；轴线、墙柱控制线、周边方正线在混凝土浇筑完成后同时引测，如图 6-22 所示。

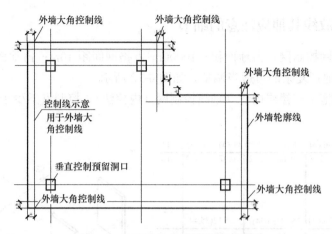

图 6-22　控制线与定位线引测示意图

5. 砌筑定位放线必须采用双控线（定位线、控制线都要弹出），结构墙体上弹出砌筑定位线；施工完成的混凝土墙面提前弹出结构 1m 线；每间房间控制线相交处采用红油漆标识，如图 6-23 所示。

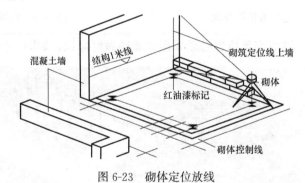

图 6-23　砌体定位放线

第七章　装修施工质量问题预防与处理

一、抹灰工程

(一) 墙面抹灰层空鼓、裂缝

1. 产生原因

(1) 基层处理不好，清扫不干净，浇水不透。

(2) 墙面平整度偏差太大，一次抹灰太厚。

(3) 砂浆和易性、保水性差，硬化后粘结强度差。

(4) 抹灰面积大，未做分隔技术处理，温度变化大，如图 7-1 所示。

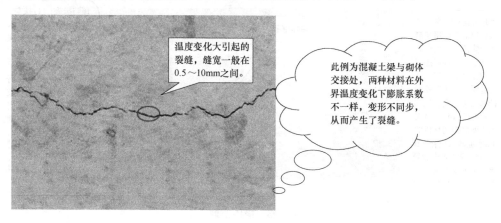

温度变化大引起的裂缝，缝宽一般在 0.5～10mm 之间。

此例为混凝土梁与砌体交接处，两种材料在外界温度变化下膨胀系数不一样，变形不同步，从而产生了裂缝。

图 7-1　温度裂缝

(5) 抹灰时温度低，施工后受冻。

2. 防治措施

(1) 抹灰前先将基层表面处理平整、污垢等清理干净，凹陷处用 1∶3 水泥砂浆找平。

(2) 基层抹灰前水要湿透，砖基应浇水两遍以上，加气混凝土基层应提前浇水。

(3) 基层太光滑则应凿毛或用 1∶1 水泥砂浆加 10％107 胶先薄薄刷一层。

(4) 砂浆和易性、保水性差时可掺入适量的石灰膏或加气剂、塑化剂。

(5) 控制各抹灰层厚度，避免一次抹灰太厚（抹灰厚度超过 35mm 须在抹灰层内设置钢丝网或玻纤网加强层）。

(6) 不同基层材料交接处或水电管预埋等基层薄弱处铺钉钢丝网（或玻纤网格布）进行加强，加强网与各基层搭接宽度不得小于 100mm（建议搭接 150mm），如图 7-2 所示。

(7) 墙体阴阳角处铺设一层耐碱网格布，阴阳角墙面各侧耐碱网格布宽度不得小于 20mm。

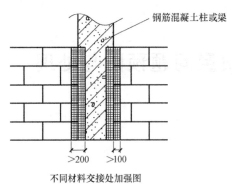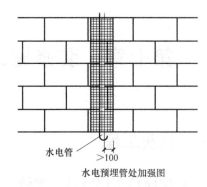

钢筋混凝土柱或梁

>200   >100

不同材料交接处加强图

水电管   >100

水电预埋管处加强图

图 7-2 加强做法示意图

（8）加强对抹灰层的养护，减少收缩，外墙抹灰一般面积较大，为防止抹灰层开裂，应设置分隔缝（间隔宜为 3m×3m，可预留或后切，缝宽宜为 10mm，缝深直达底层灰面）。

（9）低温条件施工应注意环境工作温度，低于 5℃时，不宜进行抹灰施工。

处理方案:(1)产生空鼓、裂缝部位用切割机剔除范围，再剔除到基层。(2)基层挂钢丝网并洒水湿润。(3)在基面刷掺建筑胶素的水泥浆一遍,12h内洒水养护。(4)分两次用于面层相同材料的1:2水泥砂浆填补并搓平。(5)修补完成后洒水养护不少于 3d。

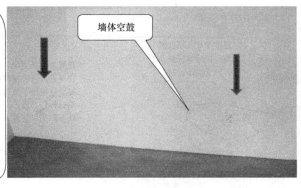

墙体空鼓

预防措施:(1)抹灰前基层清理干净并洒水湿润。(2)严格控制抹灰配合比。(3)抹面灰在底灰六七成干时进行。(4)底层灰抹好后,必须将其表面搓毛或划出纹道,以便于底层面层粘结牢固。(5)抹灰层厚度大于 35mm 时采取加强措施（铺玻纤网格布）。(6)抹灰完毕洒水养护不少于 7d。

图 7-3 墙体空鼓

要点:甩浆要均匀,甩浆厚度5mm以内,毛尖凸起不小于3mm,甩毛率达到95%以上,甩浆完毕要养护。

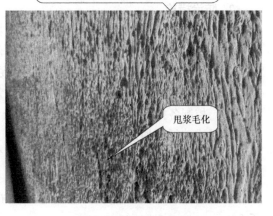

甩浆毛化

图 7-4 墙面喷水养护

图 7-5 墙面毛化处理

要点：凿毛要均匀，凹凸表面剔平，清理干净，孔洞补平，凿毛深度5～10mm。

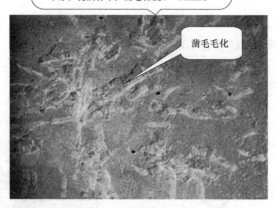

凿毛毛化

图 7-6　墙面凿毛处理

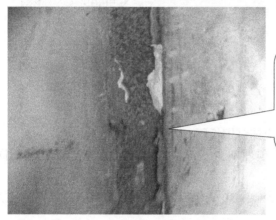

不同材质墙体交界处设置网格布或钢丝网片，否则后期抹灰有开裂隐患，网格布或钢丝网片与基体搭接不小于150mm。

图 7-7　砌块与混凝土交接处

设置要点：阳阴角处铺设一层耐碱网格布，上面再抹一道抗裂砂浆；在施工时，网面自上而下铺贴，要平整，无褶皱，砂浆饱满度达100%，同时要抹平、找直，保持阴阳角处的方正和垂直度。

图 7-8　阴阳角网格布

（二）墙体与门窗框交接处（或其他洞口四周）抹灰层空鼓、裂缝脱落

1. 产生原因

（1）基层处理不当。

（2）操作不当；预埋木砖位置不准，数量不足。

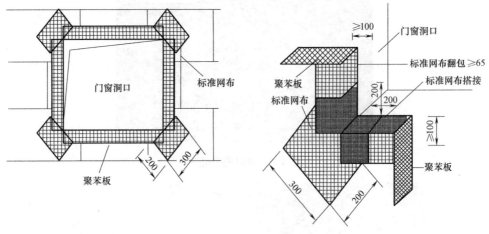

图 7-9　门窗洞口网格布

（3）砂浆品种不当。

2. 防治措施

（1）不同基层材料交汇处应铺钉钢板网，每边搭接长度应大于 10cm。

（2）门洞每侧墙体内木砖预埋不少于三块，木砖尺寸应与标准砖相同，预埋位置正确。

（3）门窗框塞缝宜采用混合砂浆并专人浇水湿润后填砂浆抹平。缝隙过大时应多次分层嵌缝。

（4）加气混凝土砖块墙与门框联结时，应现在墙体内钻深 10cm 孔，直径 4cm 左右，再以相同尺寸的圆木沾 107 胶水打入孔内。每侧不少于四处，使门框与墙体连接牢固。

（三）管道后抹灰粗糙不平，管根处开裂

1. 产生原因

（1）缺少相应的抹灰工具，遇管道后抹灰时，常规抹子不好操作造成管后抹灰粗糙不平、不光。

（2）管根处抹灰不认真操作而产生空裂。

2. 防治措施

（1）抹灰工应准备进行管后抹灰的长抹子，以便操作，如图 7-12 所示。

（2）管根抹灰虽然面积小，难操作，但应更认真，不能马虎、敷衍。

（四）外墙抹灰分格缝不直不平，缺棱错缝

1. 产生原因

（1）没有拉通线，或没有在底灰上统一弹水平和垂直分格线。

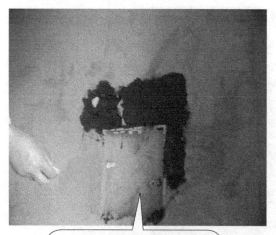

要点：在箱洞口四周铺不小于100mm宽网格布，四角沿45°方向加铺300mm×200mm的耐碱网格布，网格布区域抹灰所用砂浆为抗裂砂浆。

图 7-10　洞口抹灰

封堵要点：先使用同墙体材料砌筑填塞，表面挂钢丝网（或网格布），分层抹灰补平，12h内保湿，养护不少于7d。

图 7-11　洞口封堵

管后抹灰专用长抹子

图 7-12　长抹子

（2）木分格条浸水不透，使用时变形。

（3）粘贴分格条和起条时操作不当，造成缝口两边错缝或缺棱。

2. 防治措施

（1）柱子等短向分格缝，对每个柱要统一找标高，拉通线弹出水平分格线，柱子侧面要用水平尺引过去，保证平整度；窗心墙竖向分格缝，几个层段应统一吊线分块。

（2）分格条使用前要在水中浸透。水平分格条一般应粘在水平线下边，竖向分格条一般应粘在垂直线左侧，以便于检查其准确度，防止发生错缝不平等现象。分割条两侧抹八字形水泥砂浆作固定时，在水平线处应先抹下侧一面，当天抹罩面灰压光后就可起出分格条，两侧可抹成45°，如当天不起条的就抹60°坡，须待面层水泥砂浆达到一定强度后才能起出分格条。面层压光时应将分格条上水泥砂浆清刷干净，以免起条时损坏墙面。

（五）抹灰面不平，阴阳角不垂直、不方正

1. 产生原因

（1）抹灰前没有按规矩找方、挂线、做灰饼、冲筋。

（2）冲筋距阴阳角距离较远，起不到作用。

2. 防治措施

（1）在开始抹灰之前，必须要按规矩找方，横线找平，立线吊直，弹出准线和墙裙线。

（2）对墙面进行平整度及垂直度的检查。为了能够更好地确定抹灰层的厚度，可以先在

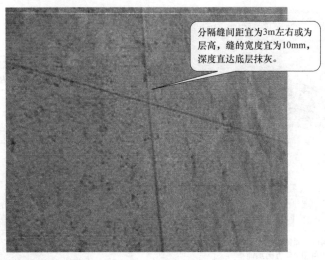

图 7-13　外墙抹灰分隔缝

墙的两端贴好饼，接着再通过拉线进行中间冲筋，当冲筋达到规定的强度后再进行抹灰。

（3）在抹灰过程中，必须在一定的时间内进行检查修正抹灰工具，这样才能防止刮杠变形再使用造成墙面不平整的情况。

（4）在抹灰过程中，要不断地对阴阳角垂直、方正及抹灰面的平整度进行仔细的检查。

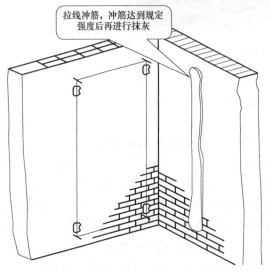

图 7-14　拉线冲筋

图 7-15　做灰饼

二、门窗工程

（一）门窗框松动，四周边嵌填材料不正确

1. 产生原因

（1）安装锚固铁脚间距过大。

（2）锚固铁脚用料过小。

（3）锚固方法不正确。

（4）四周边嵌填水泥砂浆等非弹性无机胶结料。

2. 防治措施

（1）锚固铁脚间距不得大于 600mm，四周离边角 180mm，锁位上必须设连接件，连接件应伸出铝框并锚固于墙体，如图 7-16 所示。

（2）锚固铁脚连接件应采用镀锌的金属件，其厚度不小于 1.5mm，宽度不小于 25mm，铝门框埋入地面以下应为 20～50mm。

（3）当墙体为混凝土时，则门窗框的连接件与墙体固定。当为砖墙时，框四周连接件端部开叉，用高强度水泥砂浆嵌入墙体内，埋入深度不小于 50mm，离墙体边大于 50mm。

（4）门窗外框与墙体之间应为弹性连接，至少应填充 20mm 厚的保温软质材料，如用泡沫塑料条或聚氨酯发泡剂等，以免结露，如图 7-17 所示。

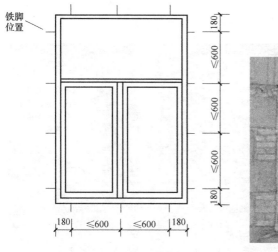

图 7-16　铁脚位置示意图

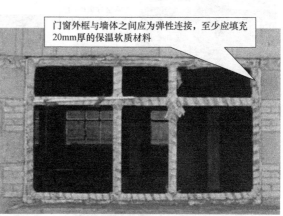

图 7-17　缝隙填充保温软质材料

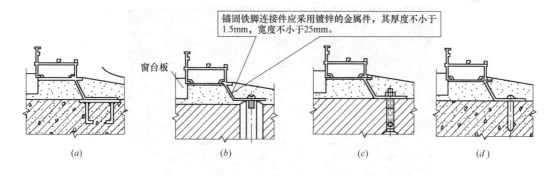

图 7-18　窗框与墙体连接方式

（a）预埋件焊接连接；（b）燕尾铁脚螺钉连接；（c）金属胀锚螺栓连接；（d）射钉连接

（二）木门窗扇开启不灵活

1. 产生原因

（1）验扇前未检查框的立梃是否垂直。

（2）未保证合页的进出、深浅一致。

（3）选用的五金不配套，螺钉安装不平直。

（4）四周边嵌填水泥砂浆等非弹性无机胶结料。

2. 防治措施

（1）验扇前检查框的立梃是否垂直，如有偏差，待修整后再安装。

（2）保证合页的进出、深浅一致，使上、下合页轴保持在一个垂直线上。

（3）选用五金要配套，螺钉安装要平直，安装门窗扇时，扇与扇、扇与框之间要留适当的缝隙。

图 7-19　合页槽

图 7-20　合页

图 7-21　门扇与框间缝隙

（4）对开关不灵活的门窗扇可按下列方法处理：

1）按照门窗扇的开关不灵情况，适当调整合页槽的深浅或合页进出的位置。

2）如门窗扇与框间缝隙过小或局部挤紧，可用细刨将整个缝刨宽或将其局部刨平整。

（三）金属或塑钢门窗洞口过大或过小

1. 产生原因

（1）分洞口尺寸时未根据外装修材料决定预留两边灰缝的宽度。

（2）在混凝土遮阳板和框架柱两边直接安装金属或塑钢窗时，未先计算设计尺寸是否考虑安装和抹灰的余地。

2. 防治措施

（1）认真查对图纸，分洞口尺寸时应根据外装修材料决定预留两边灰缝的宽度，一般清水墙灰缝宽大于 15mm，水泥砂浆灰缝宽大于 20mm，水刷石灰缝宽大于 25mm，面砖墙面缝宽大于 30mm。

（2）在混凝土遮阳板和框架柱两边直接安装塑钢或金属窗时，应首先计算设计尺寸是否考虑安装和抹灰的余地，如没有考虑时，应在征得设计单位同意后，在不影响结构荷载的情况下，减少板和柱两边 20mm 厚度，以保证安装和抹灰的质量。

（3）洞口较小或过大时，可按下列方法处理：

1）如洞口较小时，在不影响结构强度的前提下，可将洞口适当剔凿加大。

2）如洞口较大时，可补砌侧砖或浇筑混凝土修补至需要的尺寸，如图 7-22 所示。

图 7-22 洞口修补

（四）门窗成品保护不到位

1. 产生原因

（1）安装好门窗框时，未采取有效保护措施，致使门窗框被混凝土、砂浆、油漆等污染腐蚀。

（2）频繁有人进出踩踏使门窗框底部变形，如图 7-23 所示。

2. 防治措施

（1）门窗装入洞口临时固定后，检查四周边框和中间框架是否用规定的保护胶纸和塑料薄膜封贴包扎好，再进行门窗框与墙体间缝隙的填嵌和洞口墙体表面装饰施工，以防止水泥砂浆、灰水、喷涂材料等污染损坏铝合金门窗表面。

（2）在室内外作业未完成前，不能破坏门窗表面的保护材料。

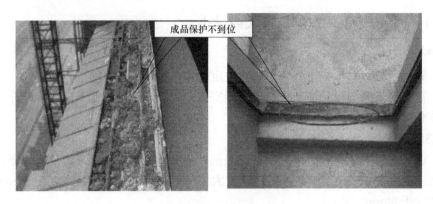

图 7-23　窗框下槛保护不到位

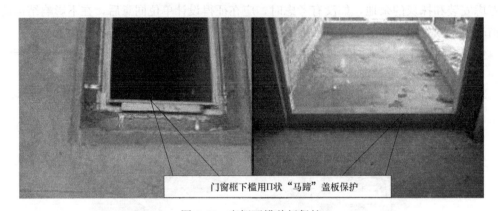

图 7-24　窗框下槛盖板保护

图 7-25　窗框保护

（五）其他质量问题

（1）铝合金门窗型材壁厚不足。（要求：型材壁厚按国家标准规定，未经表面处理的型材最小实测厚度：窗不应小于 1.4mm，门不应小于 2.0mm。）

（2）玻璃 3C 认证标志及厂家认证编号与经审批品牌及样板不符。（要求：玻璃片包括钢化玻璃及中空玻璃等，应出具合格证、玻璃片上应具备明显的 3C 标志。）

（3）硅酮密封胶已超过有效期，密封性能存疑。（要求：过期密封胶严禁使用，同时还要保证胶与所粘结材料的相容性。）

（4）门窗框与洞口墙体固定连接件的宽度及厚度低于设计要求，牢固存疑。（要求：连接件应采用 Q235 钢材，其厚度不应小于 1.5mm，宽度不小于 20mm。）

图 7-26 玻璃 3C 认证与审批不符

三、吊顶工程

（一）吊顶造型转角位置未加固，吊顶饰面材料易开裂

1. 产生原因

（1）技术交底不到位。

（2）施工班组往往认为罩面板安装牢固就不会裂缝，放松了对细节的控制。

2. 防治措施

（1）必须对每个分项作全面的交底，并形成书面文字及图相结合。

（2）转角龙骨下口增加边龙自制条转角，转角上口增加副龙骨斜撑，并在转角两侧 300mm 内，各加一根吊筋，增加结构稳定性，如图 7-28 所示。

（3）在直边或转角处增加废龙骨使吊顶龙骨与墙体连成整体。

（4）造型在吊起时应注意四角受力均匀，并控制在同一水平面上。

图 7-27 吊顶造型转角位置未加固

图 7-28 吊顶龙骨加固措施

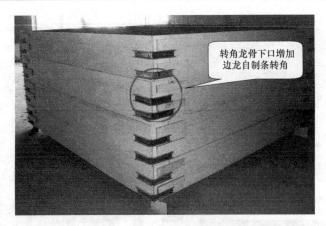

图 7-29　造型龙骨转角加固实例

（二）吊筋采用弯曲丝杆来固定，造成质量隐患

1. 产生原因

（1）项目部没有按照施工规范对施工班组进行技术交底。

（2）采用弯曲丝杆固定连接，不符合施工规范要求，如图 7-30 所示。

（3）管理人员对施工规范要求掌握不够，检查不到位。

2. 防治措施

（1）管理人员要加强施工规范的培训，掌握施工规范，保证施工质量。

（2）要对施工班组进行严格的技术交底。

（3）吊顶采用的丝杆要竖直向下，不能弯曲，如图 7-31 所示。

图 7-30　错误做法——丝杆弯曲

图 7-31　吊顶丝杆顺直

（三）多阶石膏板造型吊顶，安装时形成通缝

1. 产生原因

（1）施工及管理人员无经验。

（2）施工前未经策划，交底不清。

（3）管理人员监控不力，施工人员盲目施工。

2. 防治措施

（1）多阶之间安装石膏板必须错缝固定，互相之间要保持 300mm 之上的间距，如图 7-33 所示。

（2）关键节点部位施工前必须有策划，并进行专项交底。

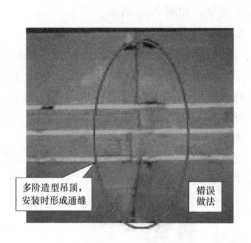

图 7-32　错误做法——多阶造型形成通缝

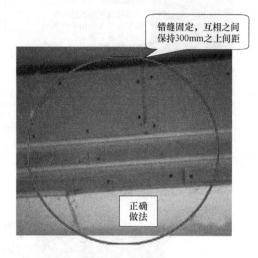

图 7-33　多阶造型错缝固定

（四）轻钢龙骨吊顶主龙骨大吊与副龙骨挂钩未正反安装

1. 产生原因

（1）班组人员对吊顶施工工艺了解不够。

（2）对班组的技术交底未做到全员交底，只流行于形式与班组长签字。

2. 防治措施

（1）班组人员要组织先培训，合格后再上岗。

（2）做好前期策划工作，对班组进行全员技术交底（样板实物交底）。

（3）轻钢龙骨吊顶主龙骨大吊与副龙挂钩都必须正反扣安装，如图 7-35 所示。

图 7-34　错误做法——挂钩未正反安装

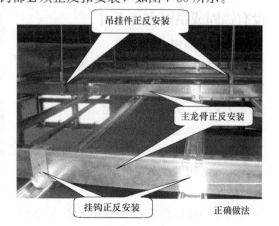

图 7-35　挂钩正反安装实例

（五）轻钢龙骨吊顶主吊螺丝及副吊紧固定不到位

1. 产生原因

主吊螺丝及副吊紧固不到位，尤其是副吊紧固在施工过程中，经常施工人员用手一抓

一握草草了事。造成各部分的副吊紧固不统一，石膏板受力不均衡，造成石膏板顶面下垂接缝开裂等现象，如图 7-36 所示。

2. 防治措施

（1）制作调平工程中，在拧紧主吊螺丝的同时用老虎钳将副吊紧固到位，使之整个平面受力均衡，确保顶面整体平整牢固。注意主吊的丝杆不能太长，避免其顶到对穿螺丝，如图 7-37 所示。

（2）对于斜面吊顶，须加强固定，可加铆钉或主龙骨点焊。

图 7-36 副吊紧固不到位

图 7-37 副吊紧固方式

（六）吊顶主龙接头处强度不够，没有锚固或锚固方式不对

1. 产生原因

在项目施工中，经常会忽视对主龙的接头锚固，容易造成吊顶饰面材料变形、开裂等现象，如图 7-38 所示。

2. 防治措施

（1）主龙接头处增加吊筋，加强质量检查，发现问题及时整改。

（2）主龙的接头必须要进行锚固处理，用专用接长件连接（或主龙骨交错搭接 150mm，或采用零星龙骨边角料进行连

图 7-38 错误做法——龙骨接头无锚固

接），注意主龙连接件两边各用两个铆钉固定，防止锚固不牢引起吊顶质量问题，如图 7-39、图 7-40 所示。

正确做法

图 7-39　龙骨连接方式（一）

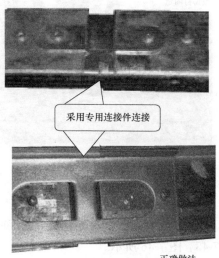

采用专用连接件连接

正确做法

图 7-40　龙骨连接方式（二）

（七）石膏板吊顶副龙骨与垂直方向龙骨连接处固定方法不正确

1. 产生原因

项目部对班组应进行培训，施工前进行实物技术交底。

2. 防治措施

（1）做好前期策划工作，对班组进行全员技术交底（样板实物交底）。

（2）边龙采用 U 形边龙骨或铝角条，连接处用螺钉或铆钉固定，如图 7-42 所示。

（3）采用八字角（副龙骨三面或两面开口）固定时螺丝最好在两侧，不在底面，以免影响封板的平整度，如图 7-43 所示。

常见的错误连接方式

图 7-41　常见错误连接方式

（4）对没有采用八字角加自攻螺丝固定的副龙骨，要求在下面再加一颗自攻螺丝钉，增强牢固度。

（八）吊顶铝扣板边缘收口出现翘曲漏缝现象

1. 产生原因

（1）放线时顶面水平未控制好。

（2）由于安装灯具易导致已经安装好的铝扣板出现不平伏现象。见图 7-44。

2. 防治措施

（1）放线时顶面水平标高要控制好。

正确做法一

正确做法二

图 7-42　正确连接方式（一）　　　　　图 7-43　正确连接方式（二）

（2）用配套边侧卡件进行受力固定或在边缘铝扣板背面加龙骨等型材压住板边缘，如图 7-45、图 7-46 所示。

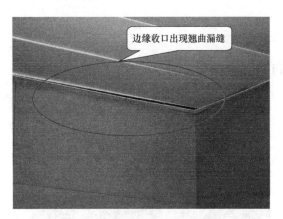

图 7-44　边缘收口出现翘曲漏缝

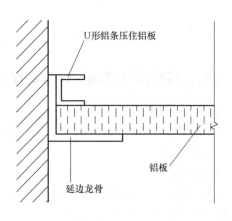

图 7-45　边缘铝扣板背面加龙骨

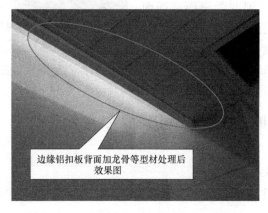

图 7-46　边缘铝扣板背面加龙骨处理效果

（九）金箔饰面层霉变和剥落

1. 产生原因

（1）金箔材料质量不过关。

（2）基层未干透就贴金箔。

2. 防治措施

（1）选用质量好的金箔材料，合理安排施工工序。

（2）在腻子干透后再进行施工，同时做黄色硝基底漆，贴好的金箔表面要上保护漆，如图7-49所示。

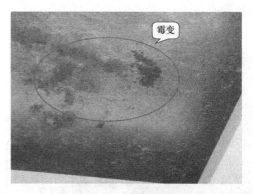

图7-47 金箔饰面霉变

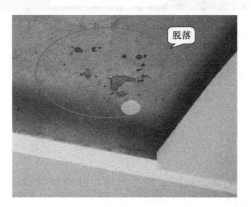

图7-48 金箔饰面脱落

图7-49 金箔饰面正确施工效果

（十）防火卷帘与吊顶交接处未作处理，影响整体观感

1. 产生原因

（1）装饰单位与消防安装单位配合不到位。

（2）在防火卷帘与吊顶交接处，施工过程中往往不注意内部封板处理，往往可看见吊顶基层构造，影响装饰效果，如图7-50、图7-51所示。

图7-50 防火卷帘与吊顶交接处未装饰

2. 防治措施

（1）在基层制作施工中，与卷帘制安单位多沟通，在不影响卷帘正常使用的情况下，将基层封板尽可能封严实，洞口预留宽度比卷帘宽度大4cm左右，预留宽度须保证卷帘调试或检修。

（2）可与业主、消防单位协商，根据消防卷帘两扇门的垂直间距，定制不锈钢整体套框作为卷帘门轨道，注意轨道须保证卷帘门正常运行（另外需考虑消防验收）。

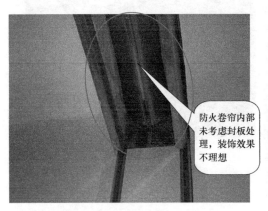

图 7-51　防火卷帘内部未封板

图 7-52　防火卷帘装饰效果

四、轻质隔墙工程

（一）轻钢龙骨石膏板隔墙板有裂缝

1. 产生原因

（1）轻钢龙骨有的出现变形，有的通贯横撑龙骨、支撑卡装得不够，致使整片隔墙骨架没有足够的刚度和强度，受外力碰撞而出现裂缝。

（2）技术交底不到位，施工的节点构造不合理。

（3）隔墙刚度不足，嵌缝施工方法不当。

（4）隔墙与侧面墙体及顶板想接处，没有黏结 50mm 宽玻纤带，只用接缝腻子找平。

2. 防治措施

（1）根据设计图纸放出隔墙位置线，并引测到主体结构侧面墙体及顶板上。

（2）将边框龙骨（即：沿地龙骨、沿顶龙骨、沿墙或柱龙骨）与主体结构固定，固定前先铺垫一层橡胶条或沥青泡沫塑料条。

（3）根据设置要求，在沿顶、沿地龙骨上分档画线，按分档位置安装竖龙骨，竖龙骨上端、下端插入沿顶和沿地龙骨的凹槽内，翼缘朝向拟安装罩面板的方向。调整垂直，定位后用铆钉或射钉固定。

（4）安装门窗洞口的加强龙骨后，再安装通贯横撑龙骨和支撑卡。通贯横撑龙骨必须与竖向龙骨的冲孔保持在同一水平上，并卡紧牢固，不得松动，这样可将竖向龙骨撑牢，使整片隔墙骨架有足够的刚度和强度。

（5）石膏板的安装，两侧面的石膏板应错缝排列，石膏板与龙骨采用十字头自攻螺钉固定，螺钉长度一层石膏板用 25mm，两层石膏板用 35mm。

（6）与墙体、顶板接缝处黏结 50mm 宽玻纤带再分层刮腻子，以免出现裂缝。

（7）隔墙下端的石膏板不应直接与地面接触，应留有 10～15mm 的缝隙，用密封膏嵌严，要严格按照施工工艺进行操作，才能确保隔墙的施工质量。

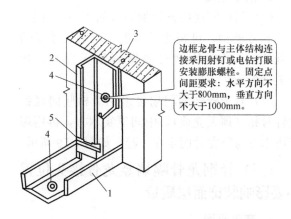

图 7-53 边框龙骨与墙、顶、地连接固定示意图

1—沿地龙骨；2—竖向龙骨；

3—墙；4—射钉；5—支撑卡

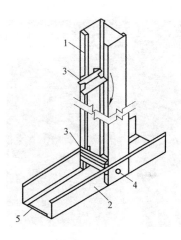

图 7-54 竖向龙骨与沿地龙

骨连接固定示意图

1—竖向龙骨；2—沿地龙骨；

3—支撑卡；4—铆孔；5—橡胶条

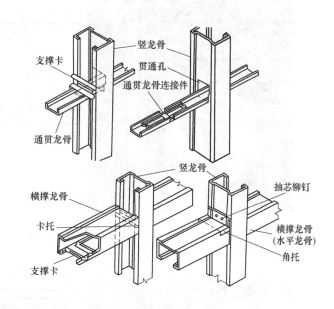

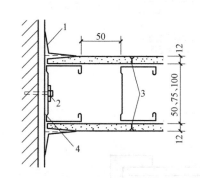

图 7-55 轻钢龙骨石膏板隔墙与主体

结构墙体连接做法示意图

1—粘贴 50 宽玻纤带；2—射钉固定中距 90cm；

3—25 长自攻螺钉；4—结构面或抹灰面

图 7-56 石膏板隔墙龙骨各部件名称

(二) 轻钢龙骨隔墙门框四周加固不到位

1. 产生原因

（1）施工及管理人员施工经验不足，缺乏质量意识。

（2）项目部技术交底不清，监督不到位。

图 7-57　门框加固不到位

龙骨接头位置。

2. 防治措施

（1）门框四周用方管加固（如 40×60 钢方管或 8 号槽钢，可视墙的厚度、门扇尺寸等情况确定），竖向的钢架要做到顶天立地，如图 7-58 所示。

（2）对于较轻的门扇可采用 2 根竖向轻钢龙骨对扣（顶天立地），中间填实木方，再用螺钉将木方与竖龙骨固定在一起，如图 7-59 所示。

（三）轻钢龙骨隔墙竖龙骨接头位置不妥影响装饰面层质量

1. 产生原因

（1）事前无策划或策划不周未考虑到竖向

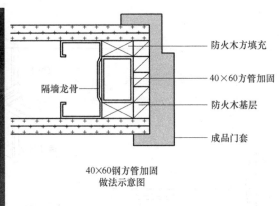

图 7-58　门框加固做法（一）

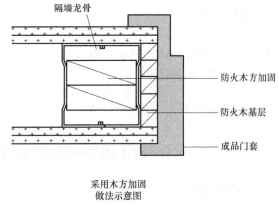

图 7-59　门框加固做法（二）

（2）施工人员为方便施工将轻钢竖龙骨接头设置在同一水平线上，导致基层不牢固。

2. 防治措施

（1）应定制整根通长竖向龙骨，隔墙整体性较好。

（2）如隔墙竖龙骨需要接长时，连接处在高度方向应错开，以保持龙骨整体性（上下错位接时，还应考虑穿心龙骨孔位一致），如图 7-60 所示。

隔墙竖龙骨需要接长时，连接处在高度方向应错开，以保持龙骨整体性（上下错位接时，还应考虑穿心龙骨孔位一致）。

图 7-60　隔墙龙骨接长

（四）轻钢龙骨轻质隔墙的底部施工不规范

1. 产生原因

（1）前期策划不到位，没能对施工班组进行施工技术交底。

（2）施工班组为赶工，偷工减料减少施工工序。

2. 防治措施

（1）做好前期策划工作，对施工班组进行正确的技术交底，采取正确的施工工艺，并进行有效监督。

（2）建议地面先找平，然后进行放线，在地面未找平的情况下，隔墙底部应做50～100mm高的混凝土导墙，如是卫生间、厨房、阳台等潮湿区域，应做 200mm 高的 C20 混凝土导墙，如图 7-63 所示。

（3）石膏板隔墙封板距地面应有一定的距离（或板底部用 100mm 水泥硅钙板封），并用塑料薄膜保护好；地面进行湿作业施工时可预防石膏板受潮现象，如图 7-64 所示。

地面未找平的情况下，轻钢龙骨石膏板隔墙底部未做混凝土导墙。

图 7-61　错误做法——地面未找平

轻钢龙骨石膏板隔墙封板直接封到地面。

图 7-62　错误做法——隔墙石膏板直接封到地面

（五）轻质加气混凝土板面层乳胶漆、壁纸出现裂缝

1. 产生原因

（1）混凝土板的热胀冷缩和乳胶漆基层的收缩率不一样。

图 7-63　混凝土导墙

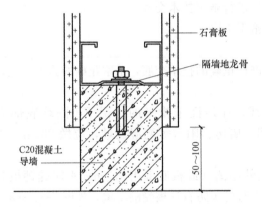

图 7-64　龙骨及石膏板安装方法

（2）填缝未填到位，接缝处未用钢丝网抹灰找平。

（3）结构沉降引起板封开裂。

2. 防治措施

（1）板接缝处先填缝后，板面采用粘结剂基层打底，再满铺钢丝网，如图 7-66 所示。

（2）水泥砂浆抹灰、找平后，进行饰面材料层的施工，如图 7-67 所示。

图 7-65　墙板接缝未做任何防裂措施

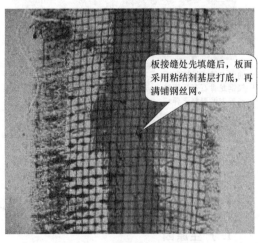

图 7-66　板缝防裂处理措施

（六）消防箱背面室内墙面的乳胶漆开裂

1. 产生原因

（1）消防箱的厚度与墙体的厚度比较接近。

（2）在施工中未能采取加固措施。

2. 防治措施

（1）前期放线定位需严格控制，以避免此类问题。

（2）在室内消防箱部位采用轻钢龙骨做隔墙（隔墙大小视现场墙面的尺寸及造型确定）。

（3）补救措施：将背面室内墙面打开，重新以钢丝网固定，再用水泥砂浆找平。如墙体厚度达不到，可在消防箱背面增加扁铁和铁丝网，进行抹灰处理，如图 7-70 所示。

图 7-67　水泥砂浆找平

图 7-68　乳胶漆开裂、脱落

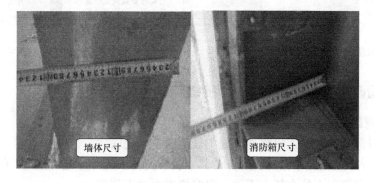

图 7-69　核实墙体及消防箱尺寸

（七）石膏板安装顺序颠倒，导致阳角部位开裂

1. 产生原因

（1）对工人施工前没有进行施工技术交底。

（2）石膏板造型封面板应大面盖小面，正面盖侧面，避免侧边缝隙开裂和平整度的影响。

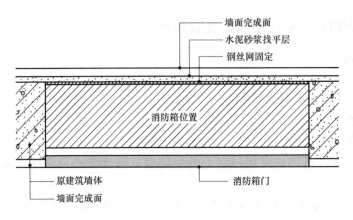

图 7-70 消防箱位置墙面做法示意图

2. 防治措施

（1）施工前针对性地进行施工技术交底。

（2）了解板材的规格尺寸，做好前期施工放线和材料裁剪策划工作。

（3）安装时要做到先小面、后大面、先侧面、后正面等施工顺序，如图 7-72 所示。

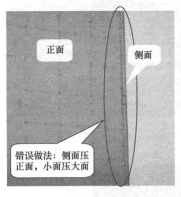

图 7-71 错误做法——侧面压正面

图 7-72 墙板安装正确做法实例

（八）墙面封石膏板留"V"形缝缝隙过大

1. 产生原因

（1）项目部没有对施工班组进行施工规范的技术交底。

（2）施工人员在切割中未正确控制尺寸，封板时发现问题也未进行整改，存在侥幸心理。

（3）项目部管理人员责任心不强，跟踪检查力度不到位。

2. 防治措施

（1）项目部管理人员要认真学习施工工艺，掌握施工规范。对施工班组进行施工工艺的技术交底。

（2）封板时施工人员应严格控制尺寸进行切割，保证留缝宽度在 10mm 左右，如图 7-74 所示。

（3）加强施工过程控制，严格跟踪检查，发现问题及时纠偏。

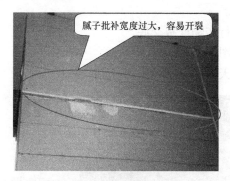

图 7-73　腻子批补宽度过大

图 7-74　墙板间留缝宽度示意图

五、饰面板（砖）工程

（一）墙地面石材出现小窄条，影响整体效果

1. 产生原因

（1）项目部管理人员没有按照图纸进行大样排版确认。

（2）施工人员的放线，项目部管理人员没有去认真复合。

（3）项目部管理人员工作不认真，技术交底不到位，同时监管不力。

2. 防治措施

（1）施工前，项目部要组织设计和施工班组对图纸进行深化。

（2）进行放线复合，大样排版方案的确认，避免出现墙地面石材小窄条，如图 7-76 所示。

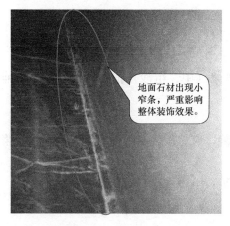

图 7-75　错误做法——地面石材出现小窄条

图 7-76　修正后铺装效果

（二）墙面石材与地面石材拼角处呈现朝天缝

1. 产生原因

（1）项目部技术人员施工前为进行策划，技术交底不到位，同时监管不力。

（2）施工作业人员墙地面石材施工程序不正确。

2. 防治措施

（1）施工前，项目技术人员做好策划同时进行实物样板交底。

（2）施工时先贴地面石材后挂墙面石材，如图 7-78 所示。

（3）墙面底部收头石材最后安装，来避免朝天缝的出现。

图 7-77　石材拼角处呈现朝天缝 　　　　图 7-78　修正后果铺装效果

（三）地砖板块出现空鼓

1. 产生原因

（1）基层不干净或干燥，结合不牢。

（2）结合层砂浆太稀，结合层砂浆未压实。

（3）水泥砂浆中水泥掺量太少。

（4）地砖没有用水浸泡。

（5）地砖铺贴后，养护不到位。

2. 防治措施

（1）基层应彻底处理清扫干净，并用水冲洗干净，然后晾到没有积水为止。

（2）铺砂浆前先浇水湿润，采用 1∶1 水泥砂浆（中、粗沙）扫浆均匀后，随即铺设结合层。

（3）采用干硬性水泥砂浆，砂浆应搅拌均匀。

（4）地砖铺贴前，砖背面用磨光机把釉面去除，应将板块浸泡后晾干，浇素水泥浆或批纯水泥浆铺贴定位后，将板块均匀轻击压实。

（5）养护期内围挡保护，第二天进行潮湿养护，不得上人和堆放材料。

（四）石材检修门下部存在黑缝

1. 产生原因

（1）技术管理人员无经验。

（2）施工前未经策划，无交底。

2. 防治措施

（1）石材排版策划时，应将消防栓门底部抬高 80～120mm，如图 7-82 所示。

（2）按策划交底，认真监控。

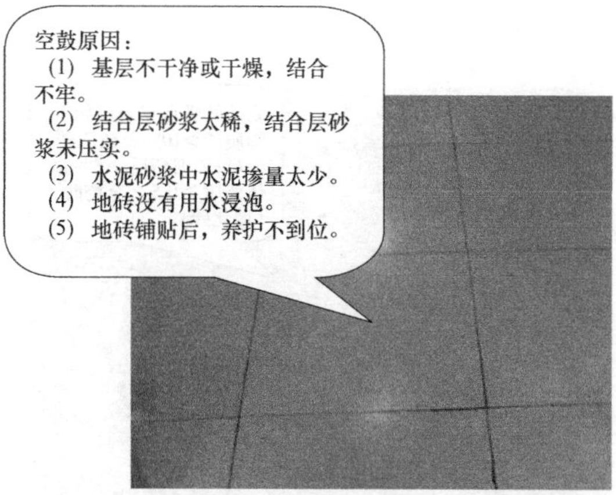

空鼓原因：
(1) 基层不干净或干燥，结合不牢。
(2) 结合层砂浆太稀，结合层砂浆未压实。
(3) 水泥砂浆中水泥掺量太少。
(4) 地砖没有用水浸泡。
(5) 地砖铺贴后，养护不到位。

注意事项：
(1) 基层应彻底处理清扫干净，并用水冲洗干净，然后晾到没有积水为止。
(2) 采用干硬性水泥砂浆，砂浆应搅拌均匀。
(3) 养护期内围挡保护，第二天进行潮湿养护，不得上人和堆放材料。

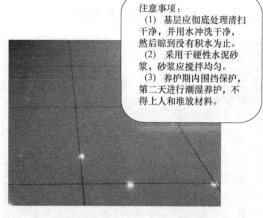

图 7-79 地面砖空鼓

图 7-80 地面砖正确铺贴效果

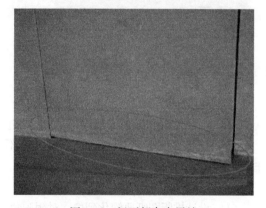

石材排版策划时，将消防栓门底部抬高 80～120mm。

图 7-81 门下部存在黑缝

图 7-82 消防栓门底部抬高 80～120mm

（五）墙面玻化砖铺贴后出现空鼓脱落

1. 产生原因

（1）玻化砖吸水率低，普通水泥砂浆粘结力不够，造成空鼓脱落。

（2）玻化砖背后有灰尘或砖产品背面的凹凸摩擦力不够，铺贴时粘贴层不饱满或挤压不密实，砖的粘结力不够。

（3）粘结层与墙体基层之间的处理方式不牢固，也会造成面层玻化砖的空鼓脱落。

（4）玻化砖密拼，没有留一定的缝隙。

（5）以及铺贴后养护不到位。

2. 防治措施

（1）使用相应的玻化砖粘结剂、重砖粘结剂，并配合基层使用界面处理剂。

（2）施工前检查墙体粉刷层是否处理到位，需对基层进行浇水湿润。风化或松散严重的，应铲除原基层，重新粉刷。

（3）砖背面可用切割机开浅的横槽，砖背面冲洗干净，用粘结剂与水按比例调和，锯齿镘刀批刮，粘结剂厚度在 5～7mm。

（4）砖缝控制在 1mm 左右，避免密拼。

（5）每隔 5h 进行淋水养护。

图 7-83　墙面玻化砖空鼓脱落

图 7-84　墙面玻化砖规范镶贴效果

（六）门窗洞上口的墙砖排版不合理

图 7-85　错误排砖做法

1. 产生原因

（1）项目策划不到位，设计图纸深度不够。

（2）技术交底不到位，班组施工经验不丰富。

2. 防治措施

（1）设计排版图纸要深化到位，对阴阳角、洞口等部位应明确做法；根据墙砖的尺寸，可把窗洞上口的砖做成 L 形，如图 7-87 所示。

（2）对班组进行技术交底，项目部在施工过程中要加强监控。在施工时，应根据设计排版图在墙面弹线后，再粘贴墙砖；铺贴时注意装饰完成面线的控制，如图 7-86 所示。

图 7-86　正确拍砖做法（一）

图 7-87　正确拍砖做法（二）

（七）干挂石材平接拼缝平整度较差且存在暴边现象

1. 产生原因

前期未对石材的性质作分析，未提供解决缺陷的施工工艺。

2. 防治措施

（1）安装干挂石材平接拼缝时，对施工人员做好交底工作。

（2）利用打磨机具在石材切割边处磨 0.5mm，能有效改善平整度同时解决较嫩石材切割边暴边的缺陷，如图 7-91、图 7-92 所示。

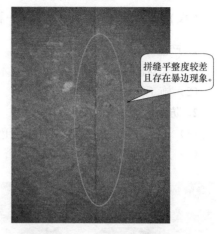

图 7-88　拼缝平整度较差

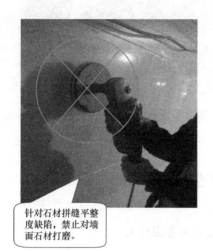

图 7-89　错误做法—对墙面石材整体打磨

图 7-90　侧光时可见明显打磨划痕

图 7-91　石材切割边处磨 0.5mm

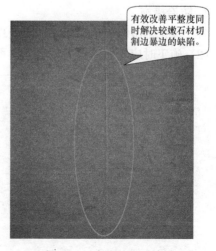

图 7-92　磨边处理后效果

（八）不同颜色的石材用同一种胶填缝，成品后接缝明显

1. 产生原因

（1）未对施工班组进行详细的技术交底。

（2）施工过程中的监控力度不够。

2. 防治措施

（1）不同颜色石材应用相对应颜色的胶填缝，如图 7-94 所示。

（2）对班组进行相应的技术交底，施工过程中加强质量监控。

图 7-93　不同颜色的石材用同一种胶填缝　　　　图 7-94　不同颜色石材用相对应颜色的胶填缝

（九）饰面板安装不规范，阴角结合处产生缝隙，影响观感

1. 产生原因

（1）深化排版时（墙面是凹凸板）地面石材尺寸未考虑放大。

（2）施工工艺程序不合理。

（3）过程控制工作不细致。

2. 防治措施

（1）深化排版时应全面考虑节点处理，防止问题的发生。

（2）施工时应先做地面后做墙面，可避免朝天缝隙的产生。

图 7-95　毛面收光面（效果差）　　　　图 7-96　光面收毛面（效果好）

（3）加强过程控制，坚持三检制度。

（4）当两种不同表面肌理的材料收头时，按惯例应光面收毛面，而不能毛面收光面，如图 7-96 所示。

六、涂刷和裱糊工程

（一）电管线槽部位的乳胶漆墙面产生裂缝

1. 产生原因

（1）预埋管线的深度不符合要求，管卡未安装牢固。

（2）管槽内垃圾未清理干净，未水冲湿润。

（3）补槽时水泥砂浆未分层粉刷，管边水泥砂浆未压密实，未做加强处理或养护不到位。

2. 防治措施

（1）预埋管线深度（管线外表面与原粉刷面层或原砖墙面的距离）达到 15mm 以上，并使管卡固定牢固，如图 7-98 所示。

（2）管槽内垃圾必须清理干净，槽内抹灰前需浇水湿润，并冲洗干净。

（3）水泥砂浆补槽时应分层施抹，待基层强度达到 50％ 以上方可抹面层水泥砂浆，然后做界面剂贴网格布，贴纸胶带批腻子，如图 7-99、图 7-100 所示。

（4）按规范要求认真做好养护工作，一般在抹灰 24h 后进行湿润养护（建议三天以上）。

（二）刮抹基层腻子时，出现腻子翘起或呈印鳞状皱结

1. 产生原因

（1）腻子过稠或胶性较小。

（2）基层表面有灰尘、隔离剂及油污等。

（3）基层表面太光滑或有冰霜。在表面温度较高的情况下刮抹腻子。

（4）基层过于干燥，腻子刮得过厚。

图 7-97　乳胶漆墙面产生裂缝

图 7-98　电管线槽处理

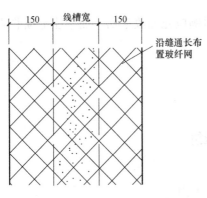

图 7-99　玻纤网加强处理示意图

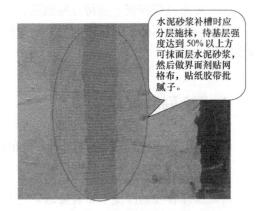

图 7-100　玻纤网加强处理实例

2. 防治措施

（1）针对不同的施工季节、环境等外部因素，应结合现场实际情况，策划好施工方案，预防质量问题发生。

（2）调制腻子时加适量胶液，稠度合适，不宜过稠或过稀。

（3）清除基层表面灰尘、隔离剂、油污等，并涂刷一层胶粘剂（如乳胶等），再刮腻子。

（4）每遍腻子不宜过厚，不可在有冰霜、潮湿和高温的基层上刮腻子。

（5）翻皮腻子应铲除干净，找出原因后，采取相应措施重新刮腻子。

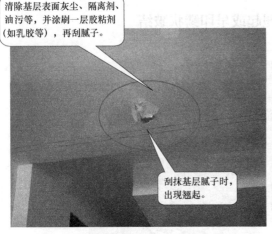

图 7-101　刮抹基层腻子时出现翘起

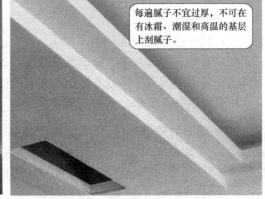

图 7-102　规范做法效果实例

（三）涂料粘结层出现脱落

1. 产生原因

（1）抹灰层质量问题，导致面层不牢。

（2）基体表面没有处理好，表面光滑未作打毛处理或表面潮湿、不净（如霉染、灰尘疏松物、脱模剂和油渍等），涂料与基层粘结不牢。

（3）涂层过厚，表干里不干。

（4）面层涂料硬度过高，涂料含胶量太多，柔韧性差或涂料中挥发成分太多，影响成膜的结合力。

2. 防治措施

（1）进行基体表面处理，基体表面光滑面作毛化处理；基体表面清理干净，如清理表面尘埃及疏松物、脱模剂和油渍等影响抹灰粘结牢固的物质，如图 7-104 所示。

图 7-103　涂料粘结层脱落

（2）注意各层是否干燥，腻子未干前不能做涂料面层，各层涂料必须结合牢固，前一层涂料干燥后才能进行后一遍涂料施工，如图 7-105 所示。

（3）合理配比水和涂料，遵循涂饰施工操作规程。

图 7-104　混凝土墙面凿毛

图 7-105　规范做法效果实例

（四）涂料表面有凸起或颗粒，不光洁

1. 产生原因

（1）基层表面污物未清除干净；凸起部分未处理平整；砂纸打磨不够或漏磨。

（2）使用的工具未清理干净，有杂物混入材料中。

（3）操作现场周围灰尘飞扬或有污物落在刚粉饰的表面上。

（4）基层表面太干燥；施工环境温度较高。

2. 防治措施

（1）清除基层表面污物、流坠灰浆，要用铁铲或砂轮磨光，上道工序质量合格后再进行下道工序施工。

（2）腻子凸起部分用砂纸打磨平整。

（3）操作现场及使用材料、工具等应保持洁净，以防止污物混入腻子或胶粘剂中。

（4）表面粗糙的粉饰，要用细砂纸打磨光滑或用铲刀铲扫平整，并上底油。

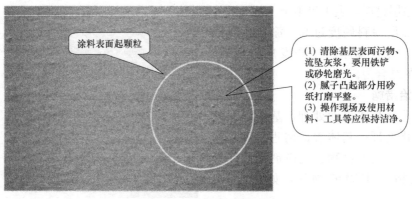

图 7-106　涂料表面起颗粒

（五）金属表面涂饰溶剂型涂料后，涂膜表面生锈

1. 产生原因

（1）基层表面有铁锈、酸液等未清除干净。

（2）涂刷时漏涂或涂膜太薄，水汽、腐蚀气体透过涂膜层，到达图层内部的钢铁基层表面。

（3）基层表面除锈方法不正确。

（4）高级涂料做磨退时，未用醇酸磁涂刷。

（5）金属构件，在组装前未先涂刷一遍底子油，安装后再涂刷涂料。

2. 防治措施

（1）涂饰前，金属面上的油污、鳞皮、锈斑、焊渣、毛刺、浮砂、尘土等，必须清除干净。

（2）防锈涂料不得遗漏，且涂刷要均匀，在镀锌表面涂饰时，应选用 C53-33 锌黄醇酸防锈涂料，其面漆宜用 C04-45 灰醇酸磁涂料。

（3）防锈涂料和第一遍银粉涂料，应在设备、管道安装就位前涂刷，最后一遍银粉涂料应在刷浆工程完工后涂刷。

（4）薄钢板屋面、檐沟、水落管、泛水等涂刷涂料时，可不刮腻子，但涂刷防锈涂料不应少于两遍。

图 7-107　涂膜表面生锈

图 7-108　喷涂防锈底漆

（5）金属构件和半成品安装前，应检查防锈有无损坏，损坏处应补刷。

（6）薄钢板制作的屋脊、檐沟和天沟等咬合处，应用防锈油腻子填抹密实。

（7）金属表面除锈后，应在8h内（湿度大时为4h内）尽快涂刷底漆，待底漆充分干燥后再涂刷后层油漆，其间隔时间视具体条件而定，一般不应少于48h；第一和第二度防锈涂料涂刷间隔时间不应超过7d；当第二度防锈涂料干后，应尽快涂刷第一度涂饰，如图7-108所示。

（8）金属构件，在组装前先涂刷一遍底子油（干性油、防锈涂料），安装后再涂刷涂料。

（六）开关、插座暗盒处壁纸固定不严实，产生基层脱落现象

1. 产生原因

在敷设电气暗盒过程中，与原墙体相接不严实，基层腻子处理时也未检查，墙纸铺贴后，由于胶水的收缩，使得原基层脱落，影响质量。

2. 防治措施

（1）在敷设电气暗盒时，注意清理原墙面基层，浇水湿润后再敷设暗盒，砂浆填实饱满。

（2）在基层批腻子时，仔细检查其牢固性，合理处理暗盒四周基层，保证其平整度，然后铺贴墙纸。

（3）在安装电气面板时，墙纸工应配合电工同时安装，周边处理平整后，再安装面板。

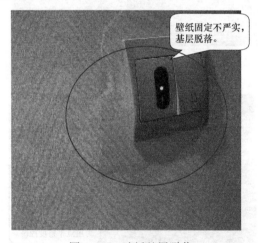

图7-109 壁纸基层脱落

图7-110 规范做法施工效果

（七）墙纸基层脱壳凸起，影响观感

1. 产生原因

（1）基层批平后未干透。

（2）基层未上清油封闭，由于受潮造成脱壳。

2. 防治措施

（1）基层打磨平整后用灯从多个方向照，可及时发现问题。

（2）腻子批平后要干透并用清油封闭。

（3）清油干透后才能将墙纸贴上。

（八）墙纸饰面出现高低不平现象

1. 产生原因

（1）墙面基层未处理好，墙面批腻子平整度达不到要求。

（2）现场管理人员未检查跟踪到位。

2. 防治措施

项目部管理人员要对每一面墙进行验收，不合格墙面基层要立即整改到位（墙面基层找平处理可做到踢脚线部位），不允许不符合要求的墙面贴墙纸，在顶面上有灯光处的墙纸、石材、乳胶漆等部位，要作为重点平整度控制。

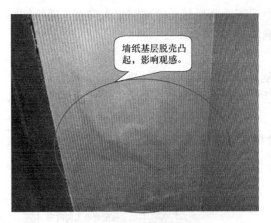

图 7-111　墙纸基层脱壳凸起

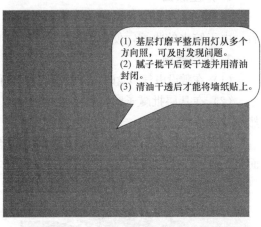

图 7-112　规范做法施工效果

图 7-113　墙纸高低不平

图 7-114　顶面上有灯光处墙纸粘贴效果

（九）门套附近的墙面墙纸出现空鼓现象

1. 产生原因

（1）门套边和旁边饰面材料之间，由于基层材料收缩易造成裂缝，出现空鼓。

（2）墙纸铺贴前清油或墙纸胶涂刷不到位，引起空鼓。

（3）基层的粉刷层出现了脱落或空鼓影响面层的墙纸空鼓或开裂。

2. 防治措施

（1）门框与墙留空部位，采用水泥砂浆粉刷或用木料加石膏板封平，不得使用发泡剂。

（2）边框收头部位，腻子干透后再刷清油两遍，再刷墙纸胶，确保不空鼓。

图 7-115　门套附近墙纸空鼓

图 7-116　规范做法施工效果

七、二次结构问题

（一）混凝土裂缝分类及原因

1. 干缩裂缝

产生的主要原因是由于混凝土内外水分的蒸发程度不同而导致变形不同，混凝土受外部条件的影响，表面水分损失过快，变形较大，内部湿度变化较小，变形较小，较大的表面干缩变形受到混凝土内部约束，产生较大的拉应力而产生裂缝，如图 7-117 所示。

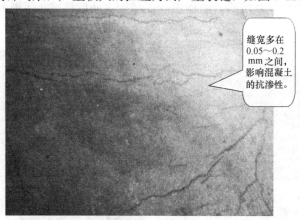

图 7-117　干缩裂缝

2. 塑性收缩裂缝

产生的主要原因是混凝土在终凝时没有强度或强度很小，受高温或较大风力影响，表面失水过快，造成毛细管中产生较大负压致使混凝土体积急剧收缩，而此时混凝土强度无法抵御其自身收缩，因此产生龟裂，如图 7-118 所示。

3. 沉降裂缝

产生的主要原因是由于结构地基土质不均匀、松软，或回填土不实或浸水造成不均匀沉降所致。或者是因为模板刚度不足，模板支撑间距过大或支撑底部松动等导致，如图 7-119 所示。

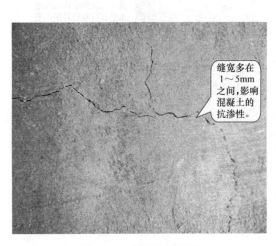

缝宽多在 1～5mm 之间，影响混凝土的抗渗性。

图 7-118　塑性收缩裂缝

宽度不定，与沉降量大小有关，严重者影响结构使用功能甚至破坏结构。

图 7-119　沉降裂缝

4. 温差裂缝

产生的主要原因是由于混凝土内部温度升温快，散热慢，表面散热快，内外形成较大温差，造成混凝土内外热胀冷缩的程度不同，使混凝土表面产生拉应力超过混凝土抗拉强度，如图 7-120 所示。

5. 荷载裂缝

产生的主要原因是地基沉陷、结构超载或结构主筋位移减小了断面的有效高度，如图 7-121 所示。

图 7-120　温差裂缝

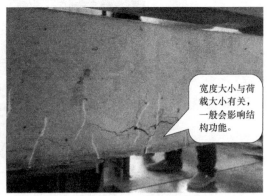

宽度大小与荷载大小有关，一般会影响结构功能。

图 7-121　荷载裂缝

6. 化学反应引起的裂缝

产生的主要原因是混凝土拌合后产生的碱性离子与某些活性骨料发生化学反应，并吸收周围环境中的水而使体积增大，造成混凝土酥松、膨胀开裂，如图 7-122 所示。

（二）预防措施

（1）根据混凝土面积大小合理设置沉降缝、防震缝、伸缩缝，如图 7-123，见表 7-1 所列。

图 7-122　碱骨料化学反应产生裂纹

图 7-123　伸缩缝

伸缩缝设置最大间距（mm）　　　　　　　　　　　　　表 7-1

屋盖或楼盖类别		间距
整体式或装配整体式钢筋混凝土结构	有保温层或隔热层的屋盖、楼盖	50
	无保温层或隔热层的屋盖	40
装配式无檩体系钢筋混凝土结构	有保温层或隔热层的屋盖、楼盖	60
	无保温层或隔热层的屋盖	50
装配式有檩体系钢筋混凝土结构	有保温层或隔热层的屋盖	75
	无保温层或隔热层的屋盖	60
瓦材屋盖、木屋盖或楼盖、轻钢屋盖		100

（2）选用中低水化热水泥和粉煤灰水泥，降低水泥的用量。混凝土的干缩受水灰比的影响较大，水灰比越大，干缩越大，因此在混凝土配合比设计中应尽量控制好水灰比，同时掺加合适的减水剂，如图 7-124 所示。

图 7-124　减水剂

图 7-125　混凝土覆盖养护

（3）严格控制混凝土搅拌和施工中的配合比，混凝土的用水量绝对不能大于配合比设计所给定的用水量。

（4）加强混凝土的早期养护，并适当延长混凝土的养护时间。冬期施工时要适当延长混凝土保温覆盖时间，并涂刷养护剂养护，如图 7-125 所示。

（三）裂缝修补措施

裂缝的出现不但会影响结构的整体性和刚度，还会引起钢筋的锈蚀、加速混凝土的碳化、降低混凝土的耐久性和抗疲劳、抗渗能力。因此根据裂缝的性质和具体情况我们要区别对待、及时处理，以保证建筑物的安全使用。裂缝修补方法通常有以下几种：

1. 表面修补法

表面修补法是在裂缝的表面涂抹水泥砂浆、环氧胶泥或在混凝土表面涂刷油漆沥青等防腐材料，为防止混凝土继续开裂可在裂缝表面粘贴玻璃纤维布等措施。表面修补法主要适用于稳定和对结构承载力没有影响的表面裂缝及深进裂缝的处理，如图 7-126 所示。

2. 灌浆、嵌缝封堵法

（1）灌浆法是利用压力设备将胶结材料压入混凝土的裂缝中，胶结材料硬化后与混凝土形成一个整体，从而起到封堵加固的目的，如图 7-127 所示。

图 7-126　沥青补缝

图 7-127　灌浆补缝

（2）嵌缝法是沿裂缝凿槽，在槽中嵌填塑性或刚性止水材料，以达到封闭裂缝的目的，如图 7-128 所示。

3. 结构加固法

当裂缝影响到混凝土结构的性能时，就要考虑对混凝土进行加固处理。常用方法有：加大混凝土结构截面面积，在构件的角部外包型钢、采用预应力法加固、粘贴钢板加固、增设支点加固及喷射混凝土

凿槽成深V状，嵌缝要饱满。

图 7-128　嵌缝修补

补强加固，如图 7-129 所示。

(1) 钢板锚固长度要足够，构造要合理。(2) 粘结用胶粘剂强度、耐久性、韧性要好。(3) 必要时加固前卸载或部分卸载。(4)钢板由植入螺栓临时固定。(5) 压注胶要 饱满。

图 7-129 粘贴钢板加固

4. 混凝土置换法

混凝土置换法是将破损的混凝土剔除，然后植入新的混凝土或其他材料。常用置换材料有：普通混凝土、水泥砂浆、聚合物或改性聚合物混凝土或砂浆，如图 7-130 所示。

5. 电化学防护法

电化学防腐是利用施加电场在介质中的电化学作用，改

混凝土剔除后清理干净，支模洒水养护不少于24h，重新浇入高一强度等级的掺膨胀剂的混凝土，养护不少于 7d。

图 7-130 混凝土置换修补

变混凝土或钢筋混凝土所处的环境，钝化钢筋，已达到防腐的目的。常用方法：阴极防护法、氯盐提取法、碱性复原法，如图 7-131 所示。

腐蚀发生的6个条件:(1) 存在产生电子的阳极；(2)存在接受电子的阴极。(3) 在阴极站的氧的可用性。(4) 在阴极站的水的可用性。(5) 阳极和阴极站之间的电连接到传输电子上；(6) 钢表面钝化膜被渗透或移除。如果上面列出的任何条件不存在时，都不会发生腐蚀。

预埋金属可为铝导管或其他金属。

图 7-131 阴极防护

6. 仿生自愈合法

仿生自愈合法是在混凝土传统组分中加入某些特殊组分（如含胶粘剂的液芯纤维或胶囊），在混凝土内部形成智能型仿生自愈合渗井网络系统，当混凝土出现裂缝时分泌出部分液芯纤维可使裂缝重新愈合，如图7-132所示。

工作原理：(a)内含修复剂的胶囊被事先预埋于混凝土内。(b)裂纹的发生使胶囊破裂，修复剂流出。(c)流出的修复剂修补裂纹。

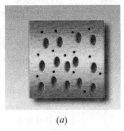 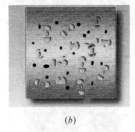 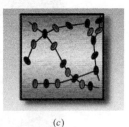

(a)   (b)   (c)

图 7-132   仿生自愈合原理图

预防措施：选用低水化热水泥，控制水泥用量；混凝土地面施工完毕12h内覆盖养护。

处理方案：将裂缝切成V形槽，清理干净，用嵌缝膏嵌缝。

地面收缩应力裂缝   地面收缩应力裂缝

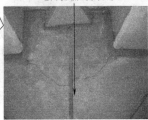 

预防措施：地板铺贴时缝隙适当加大。处理方案：更换破坏的板块或者取出破坏小块，嵌填密封材料。

地面收缩应力裂缝   地面翘曲挤压破坏

图 7-133   地面收缩裂缝

伸缩缝留直后等待自然开裂后再切割，接缝采用水浸湿后薄膜覆盖并固定。横向分隔缝待地面强度上来后（2d左右），马上切割，并倒边倒角。

地面施工完毕12h内覆盖洒水养护，养护时间不少于7d，养护期内严禁上人。

图 7-134   切割伸缩缝

(四) 常见地面裂缝预防及处理

(1) 细石混凝土地面收缩是由于混凝土收缩变形受到约束所引起的，其中主要有混凝土塑性收缩裂缝、混凝土干燥收缩变形裂缝、温度胀缩变形裂缝等，如图7-133～图7-135所示。

要点:(1) 设置纵向伸缩缝和横向伸缩缝，纵向伸缩缝间距不大于6m，横向伸缩缝间距不大于12m。
(2)伸缩缝切割前要弹线，以保证切出的缝顺直。

伸缩缝作用:防止混凝土地面开裂。

图7-135　地面伸缩缝

(2) 普通的环氧地坪在使用1～2年后，有可能会不同程度地出现大小裂缝，其中常见的裂缝主要有结构裂缝、伸缩裂缝、养护裂缝、应力裂缝、徐变裂缝，如图7-136、图7-137所示。

处理方案:将裂缝处环氧层铲除至混凝土基层，清洁需处理的表面，然后用毛刷反复涂刷配置好的环氧树脂浆料，每隔3～5min涂一次，至涂层厚度达到0.5mm左右为止。

原因:混凝土基层伸缩缝设置不合理或后切缝深度未达到设计要求。

预防措施:合理配置钢筋及在混凝土内添加尼龙纤维,合理设计切割缝,切割深度到位,严格控制混凝土的坍落度、水灰比。

图7-136　环氧地坪面开裂（伸缩裂缝）

环氧地面的其他裂缝的修补可参考混凝土裂缝修补的表面修补法、嵌缝封堵法和加固法。

（五）墙体预埋防裂

二次结构墙体内预埋处理不合理是引起墙体开裂的主要原因，如图 7-138、图 7-139 所示。

处理方案：剔除开裂部分，清理基层，然后用环氧灌浆料灌满，同时在钢板与地坪交界处设置伸缩缝，嵌填柔性材料。注意：环氧灌浆料不溶于水也不吸水，不必用水养护。

原因：钢板在使用过程中受到外力作用与地面混凝土分裂造成环氧树脂开裂，混凝土本身开裂造成环氧树脂开裂。

预防措施：(1)开槽开洞前有方案有交底。(2)开槽先画出开槽线，然后用切割机沿线切割，最后慢慢剔除已切割部分。注意不得未切割直接剔凿，易扰动墙体，对墙体结构造成损伤。

《蒸压加气混凝土砌块砌体结构技术规范》CECS 289—2011 规定不得在墙上横向开槽。

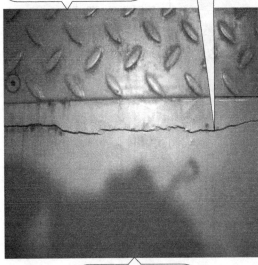

预防措施：钢板与环氧地面交界处设伸缩缝，并嵌填柔性密封材料。

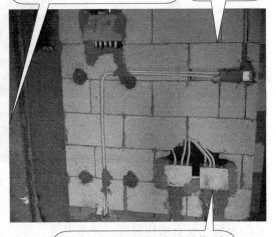

处理方案：槽口沿墙体厚度两侧绑扎双向钢筋（ϕ8@100），内侧满挂双层钢丝网，孔径 10mm×10mm，单面支模，细石混凝土分层拥入并抹压密实，面层处理为粗麻面。

图 7-137　环氧地坪面开裂（结构裂缝）　　　　图 7-138　电管处剔凿

预防措施、处理方案同图7-138。

可挂网格布处理。

图 7-139　电管洞口封堵

八、其他施工要点

（1）为贯彻落实《国民经济和社会发展十年规划和第八个五年计划纲要》中关于"加速墙体材料革新"和"推广节能、节地、节材的住宅建筑体系"的精神，根据国家建筑材料工业局、原农牧渔业部、国家土地管理局、原城乡建设环境保护部关于《严格限制毁田烧砖积极推进墙体材料改革的意见》的要求，决定首先在框架结构建筑中限用实心黏土砖，如图 7-140 所示。其替代品如图 7-141 所示。

技术参数：以砂和石灰为主要原料。
规格：
240mm×115mm×103mm、
240mm×103mm×180mm、
400mm×115mm×53mm；
强度等级：MU25、MU20、MU15、MU10。

为保护土地资源，国家限制使用烧结黏土砖。

图 7-140　烧结黏土砖　　　　　　　　图 7-141　灰砂砖

（2）现在砌筑基本上都是混凝土砌块砖，施工采用的小砌块的产品龄期不应小于 28d，砌筑普通混凝土小型空心砌块砌体，不需对小砌块浇水湿润，如遇天气干燥炎热，宜在砌筑前对其喷水湿润；对轻骨料混凝土小砌块，应提前浇水湿润，块体的相对含水率宜为 40%～50%。雨天及小砌块表面有浮水时，不得施工，如图 7-142 所示。

轻集料混凝土小型空心砌块技术参数：主规格为 390mm×190mm×190mm；强度等级分为：MU1.5、MU2.5、MU3.5、MU5、MU7.5、MU10 六个等级。

优点：自重轻、砌筑方便、墙面平整度好、施工效率高。
缺点：相对 其他砌体材料较重、易产生收缩变形、易破损、不便砍削加工、处理不当砌体易开裂、漏水，人工性能降低。

普通混凝土小型空心砌块技术 参数：主规格为 390mm×190mm×190mm；强度等级分为：MU3.5、MU5、MU7.5、MU10、MU15、MU20 六个等级。

图 7-142　小型混凝土砌块

由于砌块具有较大的收缩性，因此必须采取措施以避免在砌筑完成后产生收缩裂缝。

（3）与传统技术相比较，预制混凝土空心板技术可节省混凝土量，降低综合造价。减轻自重，减少混凝土用量，增大了跨度，降低层高，且隔声隔热效果也很好，如图 7-143 所示。

（4）砌筑墙体时应符合《砌体结构工程施工质量验收规范》GB 50203—2011，砌筑砂浆应采用中砂，严禁使用细砂和混合粉。砌筑砂浆应随拌随用，严禁在砌筑现场加水二次拌制。

优点：减轻自重，减少混凝土用量，施工效率高。
缺点：相对其他 砌体材料自重大、施工不便，需 2 人或多人合作施工。

图 7-143　预制空心板

水平灰缝的砂浆应饱满，水平灰缝的砂浆饱满度不得低于 80%，砖砌体水平灰缝宽度为 10mm，竖向灰缝可采用挤浆或灌缝，使其砂浆饱满，宽度为 12mm。加气混凝土砌块水平灰缝 15mm，竖直灰缝 20mm。灰缝应横平竖直，垂直灰缝宜用内外夹板灌缝，不得出现透明缝、瞎缝或假缝，如图 7-144 所示。

施工要点：控制砂浆饱满度，顶部预留 180～200mm ，待结构变形稳定（14d）后用红砖斜砌将框架梁与砌块顶紧顶实，或用掺膨胀剂的细石混凝土将框架梁底与砌块之间的缝隙灌实。

预控措施：(1)控制砂、水泥等材料的质量，严格按照施工配合比搅拌砂浆。(2)作业前有专业技术交底。(3)砌筑过程中专业技术员和质量员随时检查，发现问题立即整改。

砖缝不密实。

施工要点：(1)砌筑前绘制排块图，砌块上下搭接错缝，要求搭接长度不小于块体长度的 1/3，并且不小于 150mm。当在同一位置 3 皮的搭接长度不能满足上述要求时，应在水平缝内每道设置不少于 2φ6 钢筋，钢筋两端均应超过该垂直缝 350mm 长。(2)严格控制含水率，砌块砌筑前 24h 浇水至表面充分湿润，砌筑面达到饱和面干状态。

图 7-144　砖缝大小不一

非承重砌体顶部应预留 200mm 左右空隙，砌体砌筑完毕至少间隔 14d 后补砌并将其补砌顶紧，如图 7-145 所示。

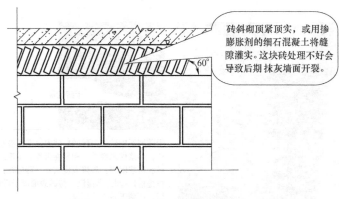

图 7-145 斜砖补砌

（5）每层砌块砌筑前，先由技术好的工人砌样板墙，由班组长对每个砌筑人员进行现场指导后，再大面积展开砌筑，如图 7-146 所示。

（6）构造柱的作用是加强纵墙间的连接，增强建筑整体性。

构造柱与其相邻的纵横墙以及牙槎相连接并沿墙高每隔 500mm 设置 2Φ6 拉结筋，钢筋每边伸入墙内大于 100mm；墙长大于 5m 时，墙顶与梁宜有拉结；墙长超过 8m 或层高2 倍时，宜设置钢筋混凝土构造柱；超过 4m 时，墙体半高宜设置与柱连接且沿墙全长贯通的钢筋混凝土水平系梁，如图 7-147 所示。

图 7-146 样板（一）

图 7-147 样板（二）

（7）砖浇水：黏土砖必须在砌筑前一天浇水湿润，一般以水浸入砖四边 15mm 为宜，含水率为 10%～15%，常温施工不得用干砖上墙；雨季不得使用含水率达饱和状态的砖砌墙；冬期浇水有困难，必须适当增大砂浆稠度。

干砖上墙会吸收砂浆里的水分，使砂浆强度降低，严重的会出现裂缝，如图 7-148所示。

（8）一般情况下，凡墙体转角处，与混凝土结构结合处，内墙留有斜直槎处都应加设

干砖上墙

干砖墙影响砂浆与砖的粘结力，造成吸水较快，砂浆保水性差，和易性很差，砌筑时铺摊和挤浆困难，砂浆强度减低。砖应在砌筑前提前1～2d浇水湿润，待砖表面晾干后使用，严禁干砖上墙砌筑。

图 7-148　干砖砌筑

拉结筋，如图 7-149 所示。

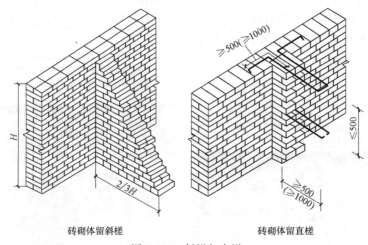

砖砌体留斜槎

砖砌体留直槎

图 7-149　斜槎与直槎

拉结筋数量：

1）120mm 墙厚放置 1Φ6 拉结钢筋（独立墙 120mm 厚墙放置 2Φ6）。

2）墙厚大于 120mm 应加设 2Φ6 拉结钢筋，间距沿墙高不应超过 500mm，埋入长度从留槎处算起每边均不应小于 500mm。

3）对抗震设防烈度 6 度、7 度的地区不应小于 1000mm，末端应有 90°弯钩，转角处埋入长度每边均不应小于 700mm，与混凝土结构结合处埋入墙体内长度不小于 700mm，墙垛处埋入长度应不少于墙垛的 2/3，如图 7-150、图 7-151 所示。

（9）构造柱在支模板的时候应在柱顶端支设喇叭口，略高于梁底，以保证柱子完全浇筑捣实，拆模后将多余的喇叭口混凝土凿掉即可，如图 7-152 所示。

（10）砖砌体临时间断处补砌时，必须将接槎处表面清理干净浇水湿润，并将砌筑灰缝砂浆填实，保持灰浆饱满、墙面平整、灰缝平直，如图 7-153 所示。

预防措施：作业前进行书面技术交底；砌筑过程中专业技术员和质量员随时检查压墙筋、构造柱数量及质量，发现问题立即整改。

处理方案：更换合格拉结筋。

砌筑前未技术交底，拉结筋下料长度不够、偷工减料。

预防措施：作业前进行书面技术交底；砌筑过程中专业技术员和质量员随时检查拉结筋、构造柱数量及质量，发现问题立即整改。

凡墙体转角处，加设拉结筋，此处拉结筋不少于2根Φ6。

图 7-150　拉结筋长度不够

图 7-151　拉结筋过少

构造柱喇叭口规范。

图 7-152　构造柱喇叭口

墙面平整、灰缝平直、饱满。

图 7-153　砌体墙补砌

（11）线管预埋贯穿于砌体施工过程，减少了后期线管开槽工作量，如图 7-154 所示。

设计要求的洞口、管道、沟槽应于砌筑时正确留出或预埋。未经设计同意，不得打凿墙体和在墙体上开水平沟槽；宽度超过 300mm 的洞口上部，应设置过梁。严禁剔凿，允许用切割机切槽，如图 7-155 所示。

图 7-154　线管预埋　　　　　　　　　　　图 7-155　线管开槽

（12）与混凝土柱子、墙交接处有砌体墙的必须后植砌体拉结筋，其要求应符合《混凝土结构后锚固技术规程》JGJ 145—2013，植筋必须经拉拔试验合格后方可开始砌体施工，如图 7-156 所示。

图 7-156　砌体植筋

（13）室内回填严格控制回填土的含水率，含水率过大，夯击时变成"橡皮土"，在这种基土上做混凝土垫层，易产生开裂，如图 7-157 所示。

图 7-157 室内回填土

九、其他常见问题与处理

（1）门洞口填塞不密实，使用时振动造成边缘开裂，如图 7-158 所示。

图 7-158 门框处开裂

（2）备齐安装使用机器、工具，安装时应注意门轴与墙拐角，如图 7-159、图 7-160 所示。

（3）扶手高度不应小于 0.90m，楼梯水平段栏杆长度大于 0.50m 时，其扶手高度不应小于 1.05m，楼梯栏杆垂直杆件间净距不应大于 0.11m；楼梯井净宽大于 0.11m 时，必须采取防止儿童攀滑的措施，如图 7-161、图 7-162 所示。

（4）隔断与墙体两种材料交接处，现场考虑不周，墙面海织布粘贴时未进行收边处理，成活后海织布在此处出现开裂，影响立面效果，如图 7-163 所示。

预防措施：门吸安装前有交底，安装时门轴与门吸拉线控制，门轴与门吸连线必须在柱角外侧，门吸安装过程有专人检查、指导。

处理方案：门吸拆除，重新安装。

安装时将门轴处与门碰处拉一直线，超出柱拐角处即可。

门吸安装时未考虑柱拐角处，使门吸起不到作用。

图 7-159　门吸（一）　　　　　　　　　图 7-160　门吸（二）

预防措施：(1) 对照规范，仔细审图，了解建筑功能需求及对栏杆的要求。(2) 严把材料关，进场材料严格验收，不合格材料拒绝验收。(3) 安装过程中有技术员、质量员随时检查安装质量。

处理方案：栏杆拆除更换为合格栏杆。

楼梯扶手高度、立杆间距不达标准。扶手高度不应小于1050mm，立杆间距不应大于110mm。

图 7-161　楼梯栏杆（一）　　　　　　　图 7-162　楼梯栏杆（二）

在不同种材料交接处，如材料本身并无收边，可根据实际情况采用其他材料进行收边，如图 7-164 所示。

预防措施：(1)施工前技术交底。(2)施工中重点注意不同材料交接处收口；施工完毕严格验收。

处理方案：将开裂处海织布割除，重新粘贴，并在收口缝隙内打胶处理。

海织布在此处出现开裂，影响立面效果。

图 7-163　收边开裂

在不同种材料交接处，用其他材料进行收边。

图 7-164　材料收边

（5）成品木门磕碰掉漆

预防措施：木门安装完毕后，不要揭去保护塑料膜，直至施工完毕。

处理方案：(1)将掉漆部位用砂纸打磨，将打磨灰清理干净。(2)重新补刷与门漆颜色相同的专用修补漆。(3)仔细将新旧油漆结合处理干净至无明显接痕。

木门磕碰掉漆，现场保护不利。

图 7-165　成品破坏

　　在色卡中选色时，最好挑选比自己喜欢的颜色稍微浅一号的色号，如果喜欢深色木门，可以与所选色卡颜色调成一致。

　　（6）卫生间洗手盆下面小柜门掉落，隔板腐蚀，如图7-167所示。

预防措施:(1) 木门安装完成注意保护，并制定保护措施。(2) 一旦不小心磕碰掉漆，要用与门相同颜色的专用修补漆修补。

木门维修时，采用油漆颜色与门原色不符，导致门体出现污渍。解决方法：木门返厂重新喷漆。

处理方案：将小柜更换为石材柜，合页改为不锈钢合页。

预防措施:(1) 洗手盆设置合理，与洗手台接缝打胶处理，不渗水。(2)下水管接头密封性好，不漏水。(3)洗手间安排专人打扫卫生，清除地面及台面积水。

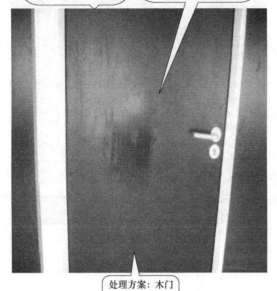

处理方案：木门返厂重新喷漆。

原因分析:由于洗手盆小柜长期处于潮湿状态，导致木质的小柜腐烂，合页锈蚀，柜门掉落。

图 7-166　油漆破坏　　　　　　　　图 7-167　柜门脱落

　　（7）大理石下安装台下盆，用专用云石胶粘结，并用玻璃胶辅助密封，如图7-168所示。

　　（8）由于水的表面张力，雨水沿底板向内侧流动，形成尿墙，如图7-169所示。

处理方案：将雨棚侧板向下延长2～3mm形成滴水，避免雨水内流或将板下口打磨成外斜45°坡。

预防措施：施工前合理策划这些节点的处理；施工中严格检查。

用大理石做成下部敞开式的洗手盆。

原因分析：由于水的表面张力，雨水沿底板向内侧流动，形成尿墙。

图 7-168　敞开式洗手盆　　　　　　图 7-169　尿墙

（9）地砖表面坡度不平，造成积水，如图 7-170 所示。

（10）洗手盆立柱安装时应充分考虑地漏尺寸和位置，如图 7-171 所示。

处理方案：将积水处瓷砖拆除，重新以地漏为基点找坡处理。

预防措施：(1) 施工前排砖策划。(2) 施工时先打点、找坡度线，再以坡度线为基准铺贴地砖。(3) 重点检查地漏周围地砖坡度，随时检查，发现问题，立即整改。

处理方案：征求设计同意，变更脸盆及立柱位置，避开地漏。

预防措施：(1) 图纸会审时仔细核对地漏与其他洁具的位置关系，防止该情况发生。(2) 洁具施工前有方案。各洁具位置关系做到心中有数。(3) 施工中严格检查，发现洁具间位置冲突时立即采取补救措施。

地砖粘贴坡度不对，造成积水。

洗手盆立柱安装时未考虑地漏尺寸和位置，影响地漏正常使用。

图 7-170 瓷砖地面积水

图 7-171 地漏问题（一）

（11）下水管返味问题在现在的装修中很普遍，一直未能得到很好解决，卫生间返味大部分是因为地漏，有的地漏还会发生污水返溢及滋生小虫等问题，如图 7-172 所示。

处理方案：将地漏换成防臭型地漏，并经常清理、清洗地漏，确保地漏不沉积污垢。

预防措施：(1) 地漏安装时下面安装 S 形存水弯。(2) 使用时定期清洗地漏。(3) 地漏平时不用时可在地漏盖子上套一保鲜袋。

图 7-172 地漏问题（二）

（12）分水器安装位置可设置在墙体、管道井的外侧，位置的选择应考虑便于检修或操作，如图 7-173 所示。

处理方案：用细毛刷补涂料。

预防措施：(1) 分水器安装前有方案、有策划。(2)分水器安装过程有专人检查，发现类似问题立即暂停安装，将墙面装修后再进行安装。(3) 加强现场总体管理。

分水器安装前墙面未见白，后期装修不便。

图 7-173　分水器内侧未见白

（13）窗台板在安装时没有紧靠窗框，如图 7-174 所示。

出现缝隙的地方可以打胶，如图 7-175 所示。

处理方案：将窗台板与窗框缝隙内清理干净，打柔性胶处理（柔性胶不会因热胀冷缩而开裂）。

预防措施：(1)严格把控材料质量关，窗台板下料尺寸要精准。(2) 窗台板安装过程有专人检查，确保安装质量。

窗台板在安装时没有紧靠窗框，且在冬季发生冷缩现象，在使用过程中经常出现断裂现象。

对出现的缝隙进行打胶，缝隙过大的要重新安装。

图 7-174　缝隙处理（一）　　　　图 7-175　缝隙处理（二）

（14）顶板开口不准确，影响美观，如图 7-176 所示。

（15）插座处预留电线应足够长，尽量避免二次接线，如已经发生二次接线，必须用专用绝缘胶布，如图 7-177 所示。

（16）金属门窗的品种、类型、规格、尺寸、性能、开启方向、安装位置、连接方式及铝合金门窗的型材壁厚应符合设计要求；金属门窗的防腐处理及填嵌、密封处理应符合设计要求。

图 7-176 顶棚开口

图 7-177 电线接头

检验方法：观察；尺量检查；检查产品合格证书、性能检测报告、进场验收记录和复验报告；检查隐蔽工程验收记录，如图 7-178 所示。

金属门窗框和副框的安装必须牢固。预埋件的数量、位置、埋设方式、与框的连接方式必须符合设计要求，如图 7-179 所示。

防火门后塞口，如图 7-180 所示。

后塞口植筋做法较好，如图 7-181 所示。

处理方案：清理掉百叶窗上的污染物。

预防措施：(1) 有成品保护策划方案。(2) 在开始施工作业前对已完成品采取保护措施。(3) 装修施工如涂料施工前，将百叶窗用塑料薄膜（塑料布）盖好。

百叶窗污染严重

图 7-178　百叶窗污染

门窗安装规范、界面清晰。

图 7-179　门窗安装规范

预防措施：(1) 控制好防火门预留门洞尺寸不可过大，一般防火门厂家定门前都会到现场实际测量洞口尺寸。(2) 防火门安装前有方案、有交底，重点交代门框与墙及门框与门扇缝隙处理要求等。(3) 防火门安装过程有专业技术人员检查、指导。

处理方案：将碎砖敲去，然后支模灌浆。灌浆完毕注意养护不少于3d，防止开裂。

处理方案：后塞口洞口过大，植筋，然后支模灌浆。灌浆完毕注意养护不少于3d，防止开裂。

防火门后塞口用碎砖填塞，错误。

图 7-180　防火门后塞口处理

后塞口植筋做法较好。

图 7-181　防火门后塞口处理

（17）栏杆扶手（金属件）或水平杆与墙体的连接必须有可靠的预埋，预制铁件连接，焊接连接的金属应四周满焊；预制铁件与实心墙体应用不少于 3 颗 $\phi6$ 以上的金属膨胀螺栓连接，扶手与预制铁件处满焊，如图 7-182、图 7-183 所示。

（18）穿管敷设时，在线路转弯角度较大或者直线段距离较长的时候都需要考虑设置电缆桥架，如图 7-184 所示。

（19）在室内，尽可能沿建筑物的墙、柱、梁及楼板架设，如利用综合管廊架设时，则应在管道一侧或上方平行架设，并考虑引下线和分支线尽量避免交叉，如无其他管架借用，则需自设立（支）柱，如图 7-185 所示。

栏杆扶手（金属件）或水平杆与墙体的连接必须有可靠的预埋，预制铁件连接，焊接连接的金属应四周满焊。

图 7-182 扶手满焊

处理方案：补打膨胀螺栓。

预防措施：预埋铁件暗转前有交底，预埋过程有检查，预埋完成有验收。

预制铁件与实心墙体应用不少于 3 颗 $\phi6$ 以上的金属膨胀螺栓连接，扶手与预制铁件处满焊。

图 7-183 预埋铁安装

预防措施：(1) 电缆安装前有策划，有交底。(2) 电缆安装过程有专人检查安装质量。(3) 桥架槽宽度要足够容纳电缆，尽量避免弯折出现。

处理方案：(1) 如果电缆不是太长可直接压入桥架槽内。(2) 如果电缆过长，可借助工具将电缆过长段压成 S 形，用扎带抓紧，压入桥架槽。注意：弯折段电缆放入平段桥架内（隐蔽部位），避免影响美观。

线缆敷设不规范。

图 7-184 电缆桥架（一）

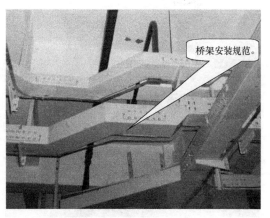

桥架安装规范。

图 7-185 电缆桥架（二）

（20）水泵底座的垫料不妥，水泵安装时对垫料的要求是：垫垫铁时一般采用斜垫铁并配对使用；每条地脚螺栓旁最少应有一组垫铁，垫铁一组最多不得超过 4 块（不低于 2 块），如图 7-186 所示。

最后垫铁的搭接处应在水泵底盘找平和找正后方可焊接，不得将垫铁和泵底盘焊接，如图 7-187 所示。

焊接工作必须按焊接工艺指导书的规定进行，如图 2-188 所示。

焊口组对无坡口，如图 7-189 所示。

图 7-186　水泵垫脚

图 7-187　水泵安装无垫铁

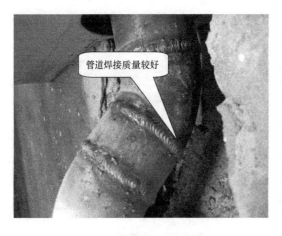

图 7-188　管道焊接（一）

图 7-189　管道焊接（二）

（21）回填的土料，必须符合设计要求或施工规范的规定。回填土必须按规定分层夯压密实，如图 7-190 所示。

预防措施：(1) 回填前有方案、有交底。(2) 回填过程中有专人检查。

处理方案：(1) 如果土方量不是太大，工作面允许的情况下，可从一侧开始分层回填，直到全部分层回填完毕。(2) 如果土方量过大，工作面不允许分层回填，必须将土全部运出回填区域外，重新分层回填。

回填土施工不规范。

图 7-190　室外回填

第八章 防水、防渗工程施工质量问题与预防处理措施

一、屋面防水

（一）水落口处排水不畅

1. 产生原因

（1）水落口杯口标高设置有误。

（2）水落口安装及防水层铺设不规范。

2. 防治措施

（1）防水层贴入水落口杯口不小于 60mm，如图 8-1 所示。

（2）直式水落口杯上口或横式水落口杯与基层接触一侧应置于檐沟底的最低处或屋面排水坡度设置的最低处，如图 8-2、图 8-3 所示。

（3）水落口杯与基层接触处应留宽 20mm，深 20mm 凹槽，并嵌填密封材料。

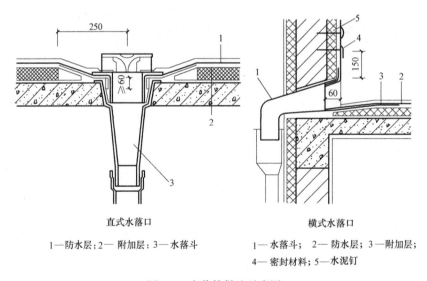

直式水落口

1—防水层；2—附加层；3—水落斗

横式水落口

1—水落斗；　2—防水层；3—附加层；
4—密封材料；5—水泥钉

图 8-1　水落管做法示意图

（二）女儿墙泛水处渗漏、开裂

1. 产生原因

（1）屋面与女儿墙交接处做法不规范。

（2）女儿墙未按要求设置伸缩缝或伸缩缝设置不合理。

（3）女儿墙处防水层上返高度不够或防水层收口做法不规范。

图 8-2　直式水落管做法实例　　　　　　图 8-3　横式水落管做法实例

2. 防治措施

（1）屋面与女儿墙交接处应做圆弧。

（2）女儿墙竖向按规定设置伸缩缝。

（3）离女儿墙面 200mm 处在找平层及面层留全长伸缩缝，如图 8-5、图 8-6 所示。

（4）防水层在女儿墙身上返高度不小于 250mm。

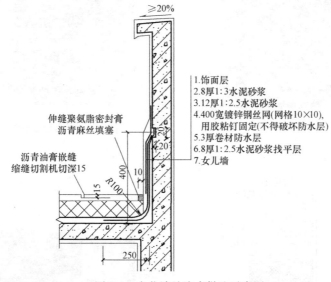

图 8-4　女儿墙处防水做法示意图

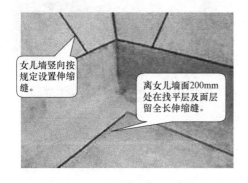

图 8-5　女儿墙处伸缩缝做法实例（一）　　　图 8-6　女儿墙处伸缩缝做法实例（二）

（三）出屋面管道及支架根部渗漏

1. 产生原因

（1）管道及支架根部防水做法不规范。

（2）管道及支架根部基层做法不规范。

（3）管道及支架根部防水层收口做法不规范。

2. 防治措施

（1）管道根部按照防水要求做八字角和附加层，卷材上返至少 250mm，上端用卡箍固定。

（2）砂浆墩与管道之间填塞柔性防水嵌缝油膏，如图 8-9 所示。

（3）砂浆墩外侧可根据设计要求的颜色和材质涂刷防水型外墙涂料。

（4）支架根部在做找平层时先做好混凝土墩，防水卷材卷到混凝土墩上部，然后做砂浆保护层，保护层与管道支架之间填塞柔性防水嵌缝油膏。

图 8-7　管道根部做法实例（一）

图 8-8　管道根部做法实例（二）

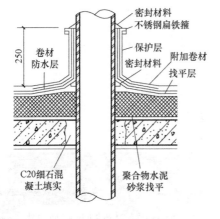

图 8-9　管道根部部防水做法示意图

图 8-10　支架根部做法实例

（四）基层空鼓、裂缝

1. 产生原因

（1）湿铺保温层没有设排气道。

（2）屋面结构层面高低差大于 20mm 时，使水泥砂浆找平层厚薄不匀产生收缩裂缝。

（3）大面积找平层没有留分格缝，温度变化引起的内应力大于水泥砂浆抗拉强度时导致裂缝、空鼓。

2. 防治措施

（1）检查结构层，质量合格后，刮除表面灰疙瘩，扫刷冲洗干净，用 1：3 水泥砂浆刮补凹洼与空隙，抹平、压实并湿养护。

（2）湿铺保温层必须留设宽 40～60mm 的排气道，排气道纵横间距不大于 6m，在十字交叉口上须预埋排气孔，并在排气道上用 200mm 宽的卷材条通长覆盖，单边粘贴，如图 8-11、图 8-12 所示。

（3）大面积找平层应设置分隔缝，缝宽 5～20mm，缝中宜嵌填密封材料，分隔缝兼作排气道时，宜适当加宽，并应与保温层连通，采用水泥砂浆或细石混凝土找平层时，分隔缝间距不得大于 6m。

（4）在未留设排气道或分格缝的保温层和找平层基面上，出现较多的空鼓和裂缝时，宜按要求弹线切槽（缝），凿除空鼓部分进行修补和完善。

图 8-11　排气道

图 8-12　排气道处卷材铺贴

（五）卷材鼓泡，随气温的升高，气泡数量和尺寸增加

1. 产生原因

（1）基层不干燥，表面没有扫刷干净，防水层底部有水汽渗入。

（2）基层面没有涂刷基层处理剂或粘结剂与卷材材性不匹配，涂刷不均匀。

（3）铺贴卷材时没有将底面的空气排除，有的排气道堵塞等。

2. 防治措施

（1）基层必须干燥，用简易检验方法测试合格后，方可铺贴。

（2）基层要扫刷干净，选用的基层处理剂、粘结剂要和卷材的材性相匹配，经测试合格后方可使用，如图 8-13 所示。

（3）待涂刷的基层处理剂干燥后，涂刷粘结剂。

（4）卷材铺贴时，必须抹除下面的空气，滚压密实，也可采用条粘、点粘、空铺的方法，确保排气道畅通，如图 8-14 所示。

（5）有保温层的卷材防水屋面工程，必须设置纵横贯通的排气道和穿出防水层的排气孔。

图 8-13　涂刷基层处理剂　　　　　　　图 8-14　设备基层做法实例

（六）变形缝漏水

1. 产生原因

（1）变形缝细部构造不当，根部阴角没有做圆弧和防水附加层。

（2）基层面没有涂刷基层处理剂或粘结剂与卷材材性不匹配，涂刷不均匀。

（3）铺贴卷材时没有将底面的空气排除，有的排气道堵塞等。

2. 防治措施

（1）检查抹灰质量和干燥程度，扫刷干净，在根部铺一层附加层，附加卷材宽300mm，卷材上端要粘牢固（其余为空铺），在立墙和顶面，卷材要满粘贴。

（2）墙顶面盖一条与墙面同宽的卷材，贴好一面后，缝中嵌入衬垫材料，再贴好另一面，上面再覆盖一层卷材，卷材比墙外两边宽 200mm，覆盖后粘牢，用预制盖板扣压牢固，预制盖板的接缝用密封膏嵌填密实。

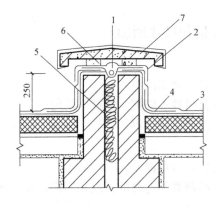

图 8-15　伸缩缝处防水做法　　　　　　　图 8-16　预制盖板扣压

1—衬垫材料；2—卷材封盖；3—防水层；4—附加层；

5—沥青麻丝；6—水泥砂浆；7—预制盖板

二、厨卫间、阳台防水

(一) 卫生间地漏处及排水管道滴水、渗漏

1. 产生原因

(1) 地漏处未设置防水附加层。

(2) 地漏安装或管道洞口缝隙封堵不规范。

2. 防治措施

(1) 地漏处应设置防水附加层 (如采用涂膜防水则涂刷不少于 3 遍),周边宽度范围不小于 250mm,如图 8-29 所示。

(2) 地漏周边预留 10mm×10mm 凹槽,内嵌止水条,如图 8-17、图 8-27、图 8-28 所示。

(3) 洞口吊模分两次采用微膨胀细石混凝土并填注密实。

(4) 洞口的模板支撑采用顶撑方式,禁止穿铁丝,如图 8-24、图 8-25 所示。

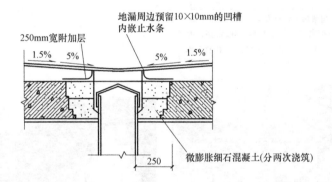

图 8-17 地漏处防水做法示意图

图 8-18 管道渗漏

施工要点：(1) 管道 周围做细石混凝土圆台，压实抹光，圆台顶沿管道一圈做20mm凹槽，并用柔性材料嵌缝严密。(2) 圆台上面按屋面防水做法处理，增设附加层，管道泛水高度不小于300mm，并用金属箍紧固。

施工要点：管道与套割模板间隙可打玻璃胶封堵，防止漏浆；细石混凝土浇筑前楼板混凝土提前24h养护，细石混凝土要掺微膨胀剂，混凝土浇筑完毕后，围档做蓄水实验 不低于24h，最后蓄水养护不少于3d。

局部加强

图 8-19　屋面管道根部表面处理措施

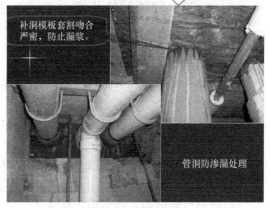

补洞模板套割吻合严密，防止漏浆。

管洞防渗漏处理

图 8-20　管道防渗处理（一）

组织要点：(1) 管道封堵施工要有方案、专业技术交底，有验收。(2) 模板支护完毕、密封性好、验收合格，方可开始灌实细石混凝土。(3) 混凝土灌实完毕，围档蓄水养护、闭水实验合格。(4) 蓄水养护不少于3d。

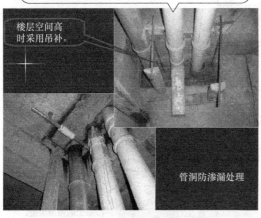

楼层空间高时采用吊补。

管洞防渗漏处理

图 8-21　管道防渗处理（二）

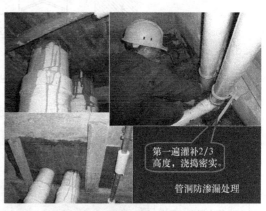

第一遍灌补2/3高度，浇捣密实。

管洞防渗漏处理

图 8-22　管道防渗处理（三）

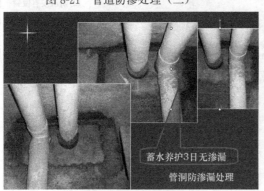

蓄水养护3日无渗漏

管洞防渗漏处理

图 8-23　管道蓄水养护

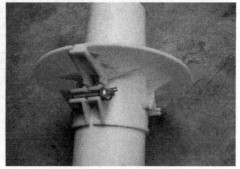

图 8-24　洞口吊模

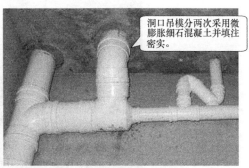

洞口的模板支撑采用顶撑方式，禁止穿铁丝。

洞口吊模分两次采用微膨胀细石混凝土并填注密实。

图 8-25　吊模安装　　　　　　　图 8-26　拆模后效果

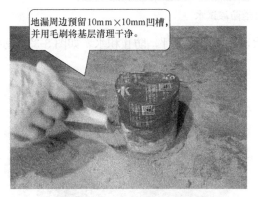

地漏周边预留 10mm×10mm 凹槽，并用毛刷将基层清理干净。

周边凹槽内嵌止水条

图 8-27　地漏周边预留凹槽　　　　　图 8-28　凹槽内嵌止水条

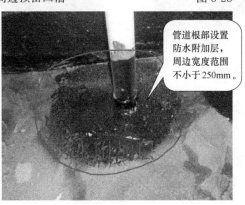

管道根部设置防水附加层，周边宽度范围不小于 250mm。

图 8-29　防水附加层

（二）厨房烟道洞渗漏水

1. 产生原因

烟道安装后洞口封堵采用吊模浇筑未进行分层施工，混凝土浇筑随意，不密实。

2. 防治措施

（1）烟道安装后，洞口封堵时采用微膨胀细石混凝土分二层浇筑，并做蓄水试验。

图 8-30　管道防渗试水

（2）洞口封堵后在烟道四周做混凝土反坎，高于四周地坪，防止积水，如图 8-33 所示。

（3）烟道根部四周设置防水涂膜层。

图 8-31　地漏处镶贴做法

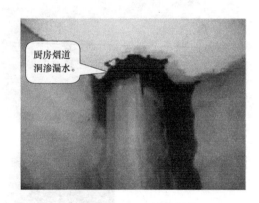

图 8-32　厨房烟道洞渗漏水

（三）厨房、卫生间反坎渗漏水

1. 产生原因

（1）反坎模板安装随意，采用铁丝等对拉固定，在反坎底部形成渗水通道。

（2）混凝土浇筑时，未有效振捣，密实度差。

2. 防治措施

（1）制作定型化 U 形卡，定型化配模，提高模板精度和使用次数，如图 8-35 所示。

（2）反坎底部楼板凿毛处理，模板加固时压脚板及内撑条设置到位，混凝土浇筑时振捣到位，无漏振。

（四）阳台门槛渗漏水

1. 产生原因

（1）阳台混凝土结构面比室内混凝土结构面原先设计低 10cm，但在装修施工时为追

图 8-33 烟道四周做混凝土反坎

图 8-34 反坎渗漏水

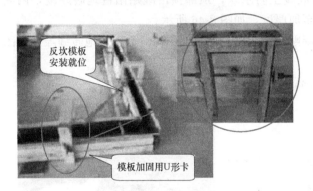

图 8-35 反坎模板安装

图 8-36 混凝土浇注振捣密实

求阳台和室内地坪标高一致的舒适使用效果，将原室内外结构高差用细石混凝土找平，导致原设计的结构防水作用失效。

（2）阳台移门门框下槛与结构地坪之间的空隙未进行有效的干硬水泥砂浆塞缝，没有进行防水涂料施工。

（3）雨天时，大量的雨水直接落到敞开阳台地坪上，通过阳台地砖的缝隙进入到地砖下干铺的、疏松的水泥砂浆结合层内，当水泥砂浆孔隙内水吸满后，多余的积水直接通过防水不严的门槛下部，进入到室内的石材下面，墙体根部。

（4）阳台两侧墙体外部贴有 EPS 保温板，且保温板底部被埋在了阳台地砖的砂浆结合层内，结合内的大量的水汽蒸发时，通过保温板与墙面之间的缝隙源

图 8-37 反坎拆模后实体

源不断地被墙体空心砌块吸湿，潮气积聚成水，无法风干，导致墙体内侧发生霉变。

2. 防治措施

（1）将阳台上靠近阳台移门的一侧 300mm 宽的地砖和砂浆结合层、细石混凝土用电

镐全部依次从上到下凿除干净，直接清理到阳台结构面，形成 U 形沟槽，将内部潮湿的水气自然风干或用烘枪烘干，如图 8-40 所示。

（2）阳台墙体外侧的 EPS 保温板从根部到地砖面以上 300 高的位置全部铲除，将受潮的墙体自然的完全风干，如图 8-41 所示。

（3）将阳台门槛下和两侧 300 高的空隙清理干净，用干硬性水泥砂浆分二次将空隙填塞密实，第二次塞缝时用 25mm 直径的 PVC 管将砂浆表面用力抽成光滑的圆弧形状。

（4）将已经干燥的阳台 U 形沟槽底面和侧面涂刷"水不漏"，封闭基层表面缝隙，并粉刷水泥砂浆收光，作为防水涂料的基层，如图 8-44 所示。

（5）在阳台沟槽三面，阳台门框的水泥塞缝和墙体外侧 300 高处分两次满刷聚氨酯防水涂料，厚度要满足要求。

（6）防水涂料干燥后在沟槽内做闭水试验，确保门框及墙体根部无渗漏现象。

（7）在阳台沟槽内浇筑 C20 细石混凝土防水坎，顶部预留湿贴阳台地砖厚度，两侧铲除保温的墙体用水泥砂浆分层粉刷至原厚度，如图 8-46 所示。

（8）在细石混凝土防水坎上采用湿贴法铺贴阳台地砖，用勾缝剂嵌填地砖缝隙，如图 8-47 所示。

（9）阳台门框底部及两侧 300mm 高阴角用黑色硅酮耐候胶打胶密封。

图 8-38　门框下空隙未塞缝

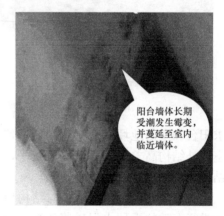

图 8-39　墙体受潮霉变

图 8-40　U 形沟槽

图 8-41　外墙根 300mm 以下保温层铲除

图 8-42 门框底部塞实

图 8-43 门框两侧塞实

图 8-44 涂刷"水不漏"

图 8-45 沟槽内用水泥砂浆找平

图 8-46 沟槽内用水泥砂浆找平

图 8-47 阳台地砖恢复

三、地下防水

(一)地下室施工缝、后浇带渗漏水

1. 产生原因

基础及地下室施工时,施工缝、后浇带止水带漏设、未有效连接或固定止水钢板被焊穿。

2. 防治措施

施工缝、后浇带部位设置钢板止水带，在钢筋安装阶段进行预埋，钢板接长宜采用搭接方式双面焊接，预埋时重点关注止水带预埋位置和接头焊接质量，如图8-49～图8-52所示。

图 8-48　地下室施工缝渗漏水

图 8-49　施工缝钢板止水带

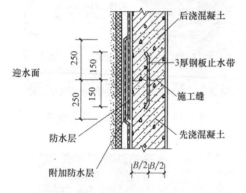

图 8-50　施工缝钢板止水带设置示意图

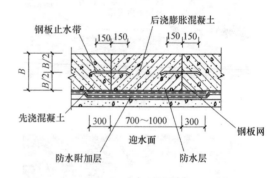

图 8-51　后浇带钢板止水带设置示意图

图 8-52　后浇带钢板止水带

（二）基础底板渗漏水

1. 产生原因

（1）混凝土浇筑时振捣频率不足。

（2）混凝土供应不连续产生冷缝。

（3）混凝土保温、养护措施欠缺出现温差裂缝。

（4）现场管理人员缺乏责任心，过程监管缺失。

（5）底板防水有缺陷。

2. 防治措施

（1）基础混凝土施工时在保证原材料质量及供应的前提下，各种控制措施落实到位，如：出料口振捣及复振，二次收面，养护等操作流程，如图8-53～图8-55所示。

（2）需特别关注混凝土振捣。

（3）按规范做好底板防水，如图8-56所示。

图 8-53　浇筑底板混凝土（初振、复振）

图 8-54　二次收面、拉毛

图 8-55　混凝土浇筑后养护

图 8-56　基面子底板部防水

（三）穿过地下室外墙、楼板管道渗漏水

1. 产生原因

（1）外墙、楼板管道预留洞未埋设防水套管。

（2）管道安装后洞口封堵不密实或者设置防水套管止水环焊接焊缝不饱满。

2. 防治措施

（1）外墙、楼板管道预留洞口部位设置止水钢套管，止水翼环焊接焊缝饱满，安装止水套管时定位准确，止水环在结构墙、板居中，如图 8-57～图 8-59 所示。

（2）管道安装后，管道与管道间隙采用防水油膏填塞密实。

图 8-57　止水钢管套

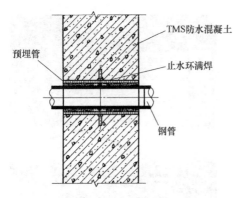

图 8-58 止水钢套管安装示意图

图 8-59 止水钢套管预埋安装

（四）地下室外墙对拉螺杆渗水

1. 产生原因

（1）地下室施工时，外墙模板未采用止水螺杆加固。

（2）止水螺杆止水片焊接有缺陷，存在渗漏现象。

2. 防治措施

（1）地下工程模板安装对拉螺杆设置止水环，焊接饱满。

（2）根据截面大小在螺杆两侧设置定位筋和垫片，混凝土浇筑后，清除垫片，割除外露螺杆。

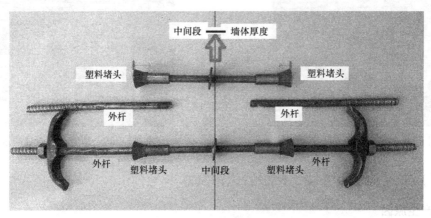

图 8-60 对拉止水螺杆各部件名称

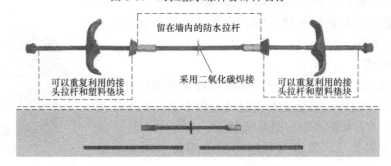

图 8-61 对拉止水螺杆各部件用途

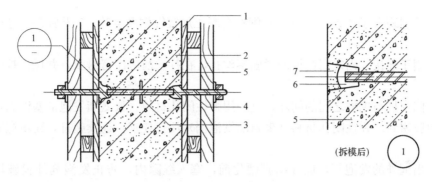

图 8-62　止水螺杆安装示意图

1—模板；2—结构混凝土；3—止水环；4—工具式螺栓；

5—固定模板用螺栓；6—嵌缝材料；7—聚合物水泥砂浆

图 8-63　止水螺杆安装

图 8-64　模板拆除后

四、外墙、外窗防渗

（一）窗框或窗框与四周墙体连接处密封不当引起渗漏水

1. 产生原因

（1）窗框拼接部位没有打密封胶引起的渗漏。

（2）铝合金框拼接时螺丝未打胶，雨水通过螺丝孔渗入室内，如图 8-69 所示。

（3）窗框四周因砂浆塞缝不密实，导致渗漏。

（4）外窗塞缝发泡胶外露，采用切割方式处理，破坏发泡胶外表层，造成渗漏隐患。

（5）窗边未打密封胶或密封胶不严密、开裂，造成渗漏水。

2. 防治措施

（1）门窗框安装前，必须先对洞口进行检查，应保证门窗框同预留洞口间距 2～

3cm 内。

（2）若间距大于 3cm，需用 C20 细石混凝土加镀锌钢网浇筑，7 天后方可进行门窗框安装。

（3）用于连接、固定门窗框的紧固螺丝孔，在拧丝前应注密封胶，并保证拧丝后胶满溢出。

（4）门窗框与副框之间的间隙，宜采用弹性闭孔材料（聚氨酯发泡剂塞饱满，并使用耐候密封胶密封。弹性闭孔材料（聚氨酯发泡剂）注打要求：连续施打，充填饱满，一次成型。

（5）出框外的发泡剂，应在结膜硬化前，塞入缝隙内，防止发泡剂外膜破坏，如图 8-71 所示。

（6）超出门窗框外的发泡胶应在其固化前用手或专用工具压入缝隙中，严禁固化后用刀片切割。

（7）在外墙粉刷时，门窗框外侧应留设 6mm 左右的槽口，此方法主要增加密封胶厚度和与窗框框料的粘结。在打胶之前应将槽口内和外墙表面的砂浆、灰尘、油污等清理干净，保证密封胶粘结牢固，施打前在外墙和门窗框上粘贴胶带纸（美纹纸），保证密封胶施打厚度和外观质量，打胶应由技术熟练的工人负责，避免因打胶断续而造成渗水，同时打胶面应干燥方能施打密封胶，严禁在涂料面层上打密封胶，且应采用中性硅酮密封胶。打胶后应随时检查是否有遗漏、脱胶、粘结不牢等情况。

预防措施：(1) 严格把控材料质量关，门窗及框不得有变形、翘曲。(2) 密封条、密封膏等密封材料必须合格且在使用有效期内。(3) 施工前有方案及针对性的技术交底。(4) 施工过程严把施工质量。(5) 施工完毕做不少于2h 的淋水实验。

预防措施：(1) 窗框预留时检查预留洞口尺寸不可过大，每边比窗外框大10～25mm 即可。(2) 门窗安装要有方案、有交底，交底要明确有针对性，尤其是窗墙缝隙及窗框缝隙的密封处理。(3) 施工完毕做不少于2h 的淋水实验。

处理方案：将窗框与墙体间隙中的嵌填材料取出，分层塞入矿棉（或发泡剂）或其他保温材料，外表面留 5～8mm 深槽口嵌填嵌缝膏（密封胶）。

通窗的窗角部位，窗框拼接部位没有打密封胶，导致渗水现象。

图 8-65　外窗渗漏

窗框与墙交界部位没有打密封胶，导致渗水现象。

图 8-66　外窗框渗漏

预防措施:(1) 窗框预留时检查预留洞口尺寸不可过大,每边比窗外框大10~25mm即可。
(2) 门窗安装要有方案、有交底,交底要明确有针对性,尤其是窗墙缝隙及窗框缝隙的密封处理。
(3) 外窗沿做滴水线。
(4) 施工完毕做不少于2h的淋水实验。

窗框上部因砂浆塞缝不密实、发泡剂不密实,导致的渗漏。

处理方案: 将窗框与墙体间隙中的嵌填材料取出,分层塞入矿棉(或发泡剂)或其他保温材料,外表面留5~8mm深槽口,嵌填嵌缝膏(密封胶)。

图 8-67　外窗框渗漏

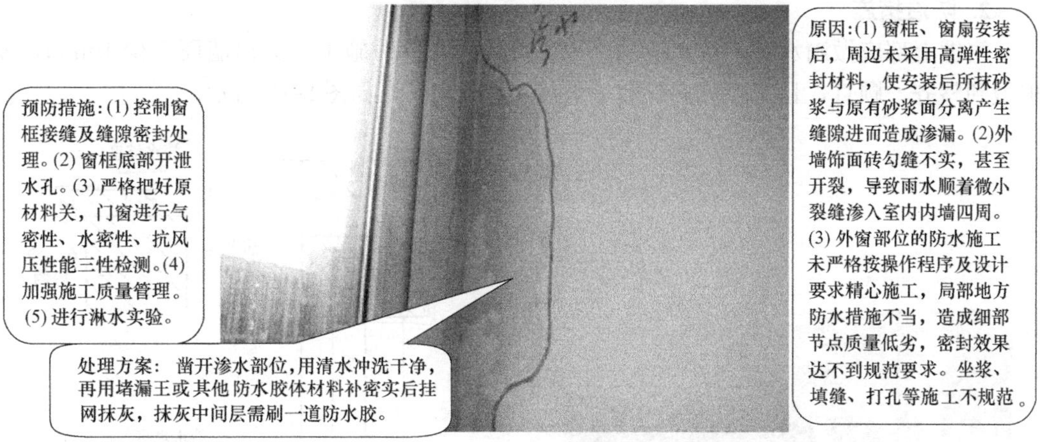

预防措施:(1) 控制窗框接缝及缝隙密封处理。(2) 窗框底部开泄水孔。(3) 严格把好原材料关,门窗进行气密性、水密性、抗风压性能三性检测。(4) 加强施工质量管理。(5) 进行淋水实验。

原因:(1) 窗框、窗扇安装后,周边未采用高弹性密封材料,使安装后所抹砂浆与原有砂浆面分离产生缝隙进而造成渗漏。(2)外墙饰面砖勾缝不实,甚至开裂,导致雨水顺着微小裂缝渗入室内墙四周。(3) 外窗部位的防水施工未严格按操作程序及设计要求精心施工,局部地方防水措施不当,造成细部节点质量低劣,密封效果达不到规范要求。坐浆、填缝、打孔等施工不规范。

处理方案: 凿开渗水部位,用清水冲洗干净,再用堵漏王或其他防水胶体材料补密实后挂网抹灰,抹灰中间层需刷一道防水胶。

图 8-68　外窗渗漏

铝合金框拼接时螺丝未打胶。

图 8-69　螺丝未打胶

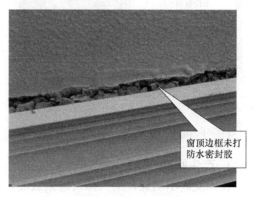

窗顶边框未打防水密封胶

图 8-70　边框未打防水密封胶

(二) 窗楣滴水线等设置不当引起渗漏水

1. 产生原因

未按要求在窗楣设置滴水线,雨水顺墙面向下倒流进入窗楣内或流到玻璃上,如窗边

173

图 8-71　发泡剂结膜硬化前塞入缝隙内

缝隙未填堵严密，或窗扇未密封，雨水会流入室内。

2. 防治措施

窗楣上部应做滴水线，滴水线的施工与墙体抹灰同时施工，突出墙面至少 10mm，要求做到整齐、顺直，且窗楣应向外放坡坡度不小于 5％，如图 8-73 所示。

图 8-72　错误做法——未设置滴水线

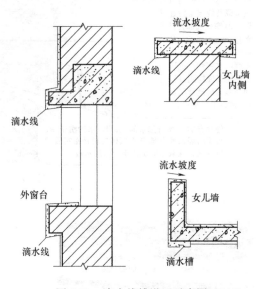

图 8-73　滴水线槽设置示意图

（三）窗台设置不当引起渗漏水

1. 产生原因

技术交底不明确，工人抹灰时未放坡，未考虑外墙贴砖等因素，导致贴砖后外窗台高于内窗台，雨水不能向外排，引起窗台积水，从而流入室内。

2. 防治措施

窗台应浇筑不小于 80mm 的压顶，搭接入墙不小于 120mm，窗台内侧要比外侧最高点高 20mm，外侧窗台向外放坡，坡度宜为 5％～8％，窗边框四周外墙面 300mm 范围内增涂二道防水涂料，如图 8-75 所示。

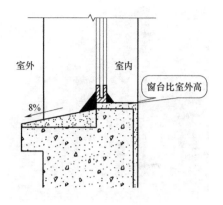

图 8-74　错误做法——窗台内低外高

图 8-75　内外窗台示意图

（四）外侧窗框排水孔设置不当引起渗漏水

1. 产生原因

不论多大的窗，不设置或仅开一个排水孔或孔径偏小，极易堵塞，造成槽内积水，尤其是推拉窗槽内积水不能顺畅排出时，在风压作用下，极易将雨水吹入室内。

2. 防治措施

在窗固定扇、开启扇中横料和下框，推拉门下框设置排水孔，排水孔的大小和数量根据门窗分格、开启扇的大小确定，并应符合设计要求和满足排水要求。推拉窗下槛相邻轨道上的排水孔应错开设置，如图 8-76 所示。

（五）干挂石材墙面及胶缝潮湿

1. 产生原因

（1）包裹天沟栏板石材与侧板接缝不严密，水平面石材接缝打胶脱开及部分石材断裂。

（2）成品檐沟设计不合理，檐沟与屋面交接处防水节点不合理、施工不当，接缝处打胶不严密，存在多处渗漏薄弱点。

2. 防治措施

（1）天沟压顶石材与天沟栏板接触部分间隙用细石混凝土填充密实，浇捣前基

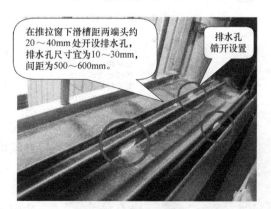

图 8-76　排水孔错开设置

层凿毛清理干净，适量配置构造钢筋，胶缝不严密的割除重打，断裂石材进行更换，如图 8-79 所示。

（2）将成品天沟的所有薄弱处进行封闭，成品檐沟与屋面搭接处接缝由屋面卷材下挂压住檐沟挡水金属压板，或挡水压板封口再盖瓦出檐不少于 50mm，檐沟与檐沟、落水斗拼装接缝处用中性硅酮耐候密封胶封闭，如有成品檐沟外包石材的则在檐沟外侧与石材或 GRC 拼接处打胶密封或另行用卷材防护，如图 8-80、图 8-81 所示。

图 8-77　干挂石材墙面及胶缝潮湿

图 8-78　滴水线槽设置示意图

图 8-79　无沟压顶修复后效果

图 8-80　挡水压板封口再盖瓦出檐

图 8-81　屋面卷材下挂

（六）面砖墙面渗水

1. 产生原因

（1）外墙砌筑灰缝不饱满，墙体扰动开裂，填充外墙与混凝土墙柱交接处开裂或有缝隙、螺杆眼填缝处理不到位，如图 8-82 所示。

（2）孔洞未处理好；外墙面砖铺贴饱满度差，勾缝不密实或空鼓；冬期施工未做好防冻工作以致面砖冻伤脱落，如图 8-83、图 8-84 所示。

（3）砌体砌筑质量差，水平灰缝砂浆饱满度不足 80％，竖向出现透明缝等，使砖墙内存在渗水通道。

2. 防治措施

（1）外墙抹灰开始前进行全面检查，将裂缝、孔洞等缺陷全面封闭处理，或填充发泡剂，或灌浆，或凿除重新塞缝。

（2）面砖铺贴后应进行检查有无空鼓，勾缝是否密实，有无砂眼、裂缝等，并进行处理；如不能处理外墙外侧，则可以在外墙内侧进行凿除封堵处理，也可直接对外墙面进行喷涂憎水剂，喷涂前先将基层表面清洗干净效果更佳，如图 8-85 所示。

图 8-82　外墙砌筑灰缝不饱满

图 8-83　外墙面砖铺贴饱满度差

图 8-84　面砖冻伤脱落

图 8-85　外墙面砖处理后效果

处理方案：(1)洞口处清理干净，用钢丝刷将洞内周围刷毛，用吹风机吹干净。(2)洒水湿润，施工前1h喷水，使洞口周围处于湿润状态。(3)将外墙一面用模板挡住，从内墙面用细石混凝土将洞填密实。(4)待细石混凝土有一定强度后再用掺10%防水剂的1:3水泥砂浆填补密实至与墙面平。

预防措施：(1)穿墙螺杆套管封堵过程中有专业技术人员检查、指导。(2)尽量避免采用穿墙螺杆，可采用工具式螺杆代替，降低漏水风险。

处理方案：(1)将塑料套管及周边一圈10cm范围凿进去5cm左右，用干硬水泥砂浆将套管塞满、塞实。(2)用防水砂浆将剩余部分抹平，抹平面要高出周围混凝土墙体1cm左右。(3)防水砂浆层上刷一道防水涂料。

图 8-86　洞口渗漏

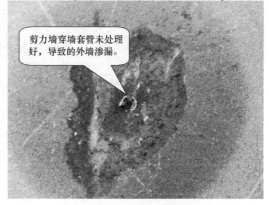

图 8-87　穿墙螺杆套管渗漏

处理方案：(1) 将外墙渗漏部位凿开，找到漏点漏源，封堵漏水点。(2) 将漏点周围一圈约300mm 范围内涂料或瓷砖剔除。(3) 抹防水砂浆一道。(4) 外层刷防水涂料或防水砂浆勾缝（外墙瓷砖）。

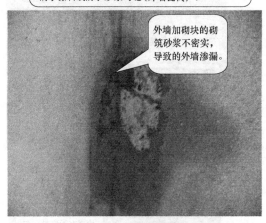

外墙加砌块的砌筑砂浆不密实，导致的外墙渗漏。

图 8-88　砌体墙渗漏

外墙抹灰因基层界面处理不到位粘接差，或未分层或一次性抹灰厚度过厚，或养护不到位而出现开裂空鼓。

图 8-89　外墙面开裂空鼓

（七）涂料外墙面渗水

1. 产生原因

涂料墙面渗水除同面砖墙面主要是砌体一些缺陷未处理好外，还有外墙抹灰因基层界面处理不到位粘接差，或未分层或一次性抹灰厚度过厚，或养护不到位而出现开裂空鼓。

2. 防治措施

砌体原因的同面砖墙面处理方法；水泥砂浆抹灰层开裂空鼓的在外墙腻子施工前进行检查并处理之（空鼓开裂处切割凿除—清理基层—涂刷界面剂—分层抹灰），过程注意养护，如图 8-90 所示。

空鼓开裂处切割凿除—清理基层—涂刷界面剂。

图 8-90　涂刷界面剂

预防措施：严把外墙施工质量关，外墙施工完毕做淋水实验。

处理方案：(1)凿开渗水外墙，找出渗水来源，封堵漏水点。(2)对渗水点上面 1～2 层外墙面砖勾缝(用外墙防水涂料或防水勾缝)。

原因：外墙或屋顶女儿墙砖缝（涂料）不密实，导致雨水渗入至外墙保温层或抹灰层内，最后从填充墙进入。

图 8-91　外墙渗漏

（八）外墙线条渗水

1. 产生原因

（1）墙面线条泛水坡度过小，甚至于有倒泛水，如图 8-93 所示。

（2）后置线条与基层收缩开裂，如图 8-95 所示。

（3）线条（GRC）与墙面交接处理不到位，如图 8-94 所示。

2. 防治措施

（1）将渗漏处面层凿除到基层，清理干净洒水湿润，用堵漏王封堵（或防水砂浆）注意根据天气做好养护防止收缩开裂，不能在迎水面处理的则在外墙内侧凿开用堵漏王封堵，如图 8-96 所示。

（2）后置线条浇捣前基层应宜凿毛处理，浇捣后应及时做好覆盖养护，防止收缩开裂；在线条与墙面阴角处用水泥砂浆做个 R 角将裂缝闭合，线条泛水找坡不少于 10%，如图 8-97 所示。

（3）GRC 线条与墙面接缝用水泥砂浆（内掺 12%～15% 微膨胀剂）塞缝勾缝处理，有条件的可用柔性材料（密封胶）填缝，再贴抗裂耐碱网格布批外墙腻子。

图 8-92　外墙线条渗水

图 8-93　线条泛水坡度过小

图 8-94　线条（GRC）与墙面交接

图 8-95　收缩开裂

图 8-96　用堵漏王封堵

图 8-97　线条泛水做法